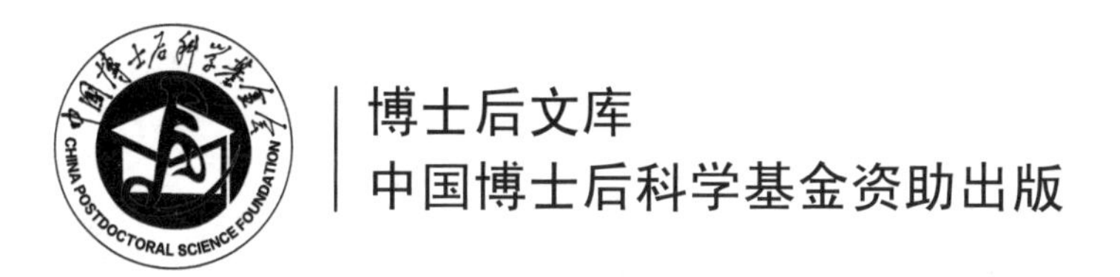

激光测高卫星数据处理关键技术及应用

李少宁　著

科学出版社
北京

内 容 简 介

本书内容以激光测高卫星数据的几何处理技术为主，介绍国内外激光测高卫星数据产品的分级体系，分析激光测高卫星链路中影响几何定位精度的主要误差源，阐述激光测高卫星数据几何处理的关键技术与方法，旨在使读者能在较短的时间内掌握激光测高卫星数据几何处理的基本理论、方法及应用。

本书可作为测绘、遥感、摄影测量专业及其他相关专业的高年级本科生和研究生教材，也可作为从事测绘遥感相关工作的工程技术人员的参考书。

图书在版编目（CIP）数据

激光测高卫星数据处理关键技术及应用/李少宁著.—北京：科学出版社，2023.3

（博士后文库）

ISBN 978-7-03-074905-5

Ⅰ.①激…　Ⅱ.①李…　Ⅲ.①卫星测高-数据处理　Ⅳ.①P228.3

中国国家版本馆 CIP 数据核字（2023）第 027462 号

责任编辑：杨光华　徐雁秋/责任校对：高　嵘

责任印制：彭　超/封面设计：陈　敬

科学出版社 出版

北京东黄城根北街 16 号

邮政编码：100717

http://www.sciencep.com

武汉精一佳印刷有限公司印刷

科学出版社发行　各地新华书店经销

*

开本：B5（720×1000）

2023 年 3 月第　一　版　　印张：10 1/4

2023 年 3 月第一次印刷　　字数：206 000

定价：128.00 元

（如有印装质量问题，我社负责调换）

“博士后文库”编委会名单

“博士后文库”序言

1985 年，在李政道先生的倡议和邓小平同志的亲自关怀下，我国建立了博士后制度，同时设立了博士后科学基金。30 多年来，在党和国家的高度重视下，在社会各方面的关心和支持下，博士后制度为我国培养了一大批青年高层次创新人才。在这一过程中，博士后科学基金发挥了不可替代的独特作用。

博士后科学基金是中国特色博士后制度的重要组成部分，专门用于资助博士后研究人员开展创新探索。博士后科学基金的资助，对正处于独立科研生涯起步阶段的博士后研究人员来说，适逢其时，有利于培养他们独立的科研人格、在选题方面的竞争意识以及负责的精神，是他们独立从事科研工作的“第一桶金”。尽管博士后科学基金资助金额不大，但对博士后青年创新人才的培养和激励作用不可估量。四两拨千斤，博士后科学基金有效地推动了博士后研究人员迅速成长为高水平的研究人才，“小基金发挥了大作用”。

在博士后科学基金的资助下，博士后研究人员的优秀学术成果不断涌现。2013 年，为提高博士后科学基金的资助效益，中国博士后科学基金会联合科学出版社开展了博士后优秀学术专著出版资助工作，通过专家评审遴选出优秀的博士后学术著作，收入“博士后文库”，由博士后科学基金资助、科学出版社出版。我们希望，借此打造专属于博士后学术创新的旗舰图书品牌，激励博士后研究人员潜心科研，扎实治学，提升博士后优秀学术成果的社会影响力。

2015 年，国务院办公厅印发了《关于改革完善博士后制度的意见》（国办发〔2015〕87 号），将“实施自然科学、人文社会科学优秀博士后论著出版支持计划”作为“十三五”期间博士后工作的重要内容和提升博士后研究人员培养质量的重要手段，这更加凸显了出版资助工作的意义。我相信，我们提供的这个出版资助平台将对博士后研究人员激发创新智慧、凝聚创新力量发挥独特的作用，促使博士后研究人员的创新成果更好地服务于创新驱动发展战略和创新型国家的建设。

祝愿广大博士后研究人员在博士后科学基金的资助下早日成长为栋梁之材，为实现中华民族伟大复兴的中国梦做出更大的贡献。

中国博士后科学基金会理事长

前　言

2003 年美国在对地观测系统（EOS）中首次将激光测高卫星 ICESat/GLAS 用于地表探测，自此引起领域内更多专家学者对激光测高的关注。激光测高在三维空间探测中的独特优势，使其展现出更好的发展潜力和应用前景。为推进我国星载激光测高技术的发展，高分对地观测系统重大专项将激光测高雷达与光学相机同平台搭载进行全球立体观测。目前星载激光测高技术已然成为全球对地观测获取三维地表信息的重要手段。

本书从激光测高卫星的设计特点出发，梳理激光测高卫星数据的误差类型，针对不同的误差特性制订相应的分级体系和处理方法，有效提升激光测高卫星数据的几何精度，使激光测高卫星更好地服务于国土资源调查、立体测图、极地测绘、海洋测绘、陆地碳监测等领域的重大科学和工程问题研究。

全书共 5 章：第 1 章介绍国内外激光测高卫星技术的发展现状及趋势，并引入 ICESat 卫星和 ICESat-2 卫星的产品分级；第 2 章对线性体制和光子计数星载激光测高产品进行介绍；第 3 章详细介绍激光测高各级产品生产和处理过程中所面临的主要问题和关键技术；第 4 章对各级产品生产处理的关键技术进行验证和分析，通过试验证明技术流程的可行性；第 5 章介绍激光测高产品应用。

本书是作者在博士及博士后期间的工作总结，其间得到张过教授的悉心指导和帮助；刘诏博士、蒋博洋博士和连玮琦博士协助完成激光测高数据的精度验证工作，范秀芳硕士和于启凡硕士协助完成激光波形预处理和测高产品的调研工作。

感谢自然资源部国土卫星遥感应用中心、国家林业和草原局调查规划设计院及中国空间技术研究院（航天五院）遥感总体部对本书提供的帮助和支持。

由于作者水平有限，书中难免存在许多不足，敬请各位同仁批评、指正！

作　者

2022 年 8 月

目　　录

第1章 绪　论

激光是 20 世纪以来继核能、电脑、半导体之后又一重大发明，被称为“最快的刀”“最准的尺”“最亮的光”。早在 1916 年，爱因斯坦就预言了激光的存在，1960 年美国科学家梅曼在实验室条件下获得第一束激光并将其引入实用领域。在短短几十年的时间里，激光技术发展迅猛。激光测距技术也在各行各业开展了应用，尤其是随着航空航天技术的飞速发展，星载激光测量系统展现出独特的优势。

1.1 激光测高技术

自 20 世纪 70 年代以来，星载激光测高技术得到迅猛发展。激光测高最先应用于深空探测，美国在 1970 年将开发的激光测量系统用于阿波罗月球科学观测；1994 年由美国弹道导弹防御组织（原星球大战计划）和美国国家航空航天局（National Aeronautics and Space Administration，NASA）共同执行的克莱门汀探月计划，采用激光高度计获得高精度月球表面特征信息；1996 年美国的“火星全球勘测者”（Mars global surveyor，MGS）卫星搭载火星轨道激光测高仪（Mars orbiter laser altimeter，MOLA）进入火星轨道，获得了大量火星表面的物理特征数据；随后 NASA 将 MOLA 的备份器件搭载到航天飞机用于对地观测试验；2000 年“近地小行星交会”（near Earth asteroid rendezvous，NEAR）探测器搭载的激光高度计对小行星爱神（Eros）进行观测，并绘制了精确的三维外形图（Yoon et al.，2005；Veverka et al.，2001；Spudis et al.，1994）。

在探空领域沉寂多年后，国内外航天机构又迎来地外空间探测的高峰期（河野宣之 等，2010；Kaneko et al.，2000；Araki et al.，1999）。日本 2006 年发射的“月亮女神”（SELENE）[①]卫星也搭载了激光测高仪，日本利用其所获测高数据建立了包括两极地区的精准月球全球地形图，同时分析了月球重力和

---

① SELENE 是 SELEnological and ENgineering Explorer 的缩写，意为“月球探测工程”，而 SELENE 一词又恰巧是希腊神话中月亮女神的名字，故译为“月亮女神”。

地形数据；2008 年 10 月，印度发射的月船 1 号（Chandrayaan-1）卫星上搭载了月球激光测距仪（Lunar laser ranging instrument，LLRI），用于提供探测器距离月球表面的精确高程，测量月球全球地形。2006 年，美国发射的“信使号”卫星（MESSENGER）探测器装载了水星激光测高仪（Mercury laser altimeter，MLA）有效载荷，经过 6 年半的长途飞行于 2011 年 7 月到达水星轨道并开始获取数据。2009 年 7 月美国重启探月计划，在月球勘测轨道器（Lunar reconnaissance orbiter，LRO）上搭载了第一个空间多光束月球轨道激光测高仪（Lunar orbiter laser altimeter，LOLA），用于帮助人类探索月球时选择合适的着陆点，该测高仪获得的月球地形数据以其良好的覆盖和质量，在国际上得到了广泛的认可和应用。2016 年 9 月美国发射的奥西里斯-雷克斯（OSIRIS-REx）小行星探测器上搭载了激光测高仪，用于获得贝努小行星的全球地表模型和采样区的高精度地形；2018 年欧洲空间局（European Space Agency，ESA）和日本宇宙航空研究开发机构（Japan Aerospace Exploration Agency，JAXA）联合研制的贝皮-哥伦布（Bepi-Colombo）探测器搭载激光测高仪，用于研究水星星体地貌。

我国于 2004 年启动了“嫦娥探月”工程计划，通过“绕”“落”“回”三步走战略来实现月壤标本的采样返回。2007 年 10 月，“嫦娥一号”（CE-1）成功发射升空，卫星搭载了激光测高仪用于月球地表测量，为后续月球软着陆和月壤采样返回技术奠定了基础（赵双明 等，2014；周增坡 等，2011；李春来 等，2010；王文睿 等，2010）。2020 年 11 月，我国长征五号遥五运载火箭成功发射嫦娥五号探测器，并圆满完成我国地外天体采样返回之旅。在深空和宇宙天体探测领域，激光测高技术始终扮演着至关重要的角色。

1.2 激光对地测高卫星

激光对地测高系统有别于深空探测，不仅需要考虑地球大气的影响，还要顾及复杂地表地物对激光信号的影响。从目前公开资料来看，2003 年美国发射了首颗对地激光测高卫星 ICESat；在此基础之上，2018 年 9 月又发射了 ICESat-2，平台搭载了先进地形激光高度计系统（the advanced topographic laser altimeter system，ATLAS），用于高重频地表信息探测；同年美国将全球生态系统动态调查（global ecosystem dynamics investigation，GEDI）激光测高系统安装到国际空间站，通过大光斑激光脉冲测量全球三维地形。经过几十年的尝试与发展，从线性体制激光雷达到光子计数激光雷达，美国始终走在世界前列，目前已经将新体制的激光测高雷达应用于航空航天领域。

相对而言，国内对星载激光测高技术的研究起步较晚。2016 年发射的资源三号 02 星首次搭载了国产激光测高试验载荷；2019 年 11 月高分七号卫星搭载两台线性体制激光测高仪，用于辅助全球立体测绘任务；2020 年 6 月资源三号 03 星沿用 02 星的测量模式开展国土资源调查；2020 年 12 月，高分十四号卫星搭载三台线性体制激光测高仪辅助光学立体测绘。近期陆地生态碳监测卫星的研制工作也正式批准立项，该卫星主要采用多波束激光雷达进行森林植被变化、反演全球生物量研究。我国在激光测高卫星系统的总体设计方面进行创新性探索，利用同平台的光学相机和激光雷达联合获取数据，这样的设计给地面数据处理系统带来新的挑战和更高的要求。

1.2.1 ICESat

ICESat 于 2003 年 1 月 13 日在美国加利福尼亚的范登堡空军基地发射升空，沿近似圆形的极地轨道飞行，高度大约为 600 km，轨道倾角为 94°，回归周期约为 183 天。该卫星观测数据可覆盖地球表面大部分地区，但是由于激光器故障及其他多种原因，该卫星已于 2009 年 10 月 11 日停止采集数据。

ICESat 的主要科学目的是测量冰面地形变化、云层及大气层的特征等，卫星上搭载的地球科学激光测高系统（geoscience laser altimeter system，GLAS）可测定沿轨道的陆地和水面的三维地形（图 1.1），GLAS 由 NASA 的戈达德宇航中心（Goddard Space Flight Center，GSFC）研制，激光测高仪测量参数见表 1.1。GLAS 的激光脉冲在地球表面上的激光光斑直径大约为 70 m，同一条带内相邻光斑中心的间距约为 170 m，相邻条带间的距离随纬度变化而改变：赤道附近轨道间距约为 15 km，纬度 80° 处的间距约为 2.5 km。Nd：YAG 激光器以 40 Hz 的频率发射红外（1 064 mm）和绿色（532 mm）脉冲：前者用于地面和海平面测高，利用 1 064 nm 激光脉冲的反射信号特征可以确定表面的高程和粗糙度信息，高程测量精度可以达到 0.15 m 以内；后者用于大气后向散射测量，测量沿轨方向云和气溶胶高度分布的空间分辨率可达 75～200 m，对厚云层测量的水平方向分辨率为 150 m（Abshire et al.，2005；Carabajal et al.，2005；Fricker et al.，2005a，2005b；Hlavka et al.，2005；Luthcke et al.，2005；Schutz et al.，2005；Zwally et al.，2002）。

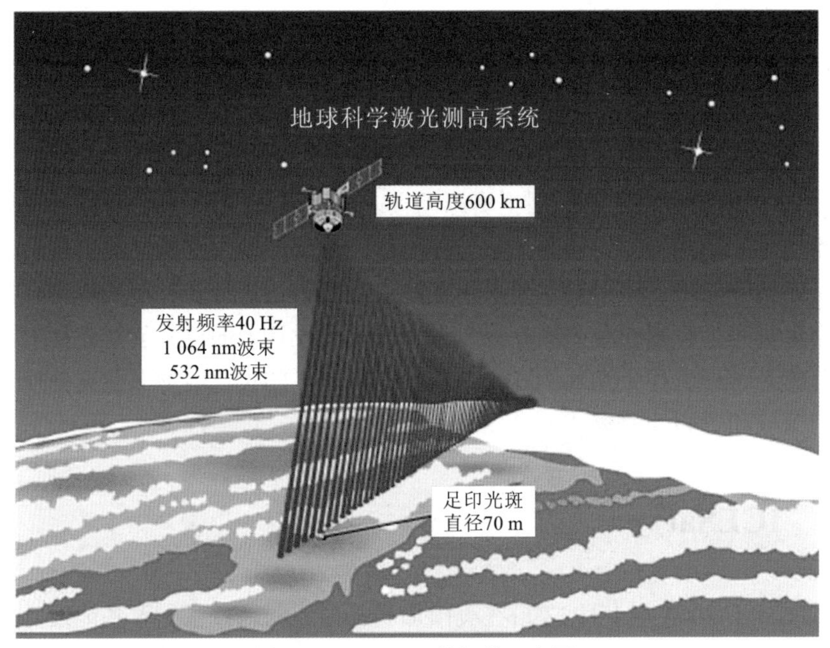

图 1.1　ICESat 及其扫描示意图

引自 http://glas.gsfc.nasa.gov

表 1.1　ICESat/GLAS 基本参数

参数	数值
激光地面光斑直径/m	70
激光波长/nm	1 064/532
激光出射能量/mJ	75
测距频率/Hz	40
脉冲宽度/ns	5～10
激光发散角/mrad	0.06
接收望远镜口径/mm	1 000
测高精度/m	0.15

GLAS 的激光器 Laser1 在运行 37 天后便停止工作，随后启动激光器 Laser2 开展数据采集，但因能量衰减过快而调整了工作模式。为了充分发挥 ICESat 在轨获取连续数据的能力，自 2003 年秋季 GLAS 将运行方式从不间断测量改为每年 91 天精确轨道回归周期测量，并在每年的 2～3 月、5～6 月及 10～11 月，分

别进行为期 30 多天的数据获取。激光器 Laser3 运行时间较长，从 2003 年 1 月发射至 2009 年 GLAS 停止工作，共进行了 15 次（每次 33 天）测量。激光器 Laser3 采用双频光束通道，大大提高了对地表的观测精度，如在坡度平缓地区观测精度达到 0.14 m，在平坦冰面的形变量监测精度甚至可达到 0.02 m。

1.2.2　ICESat-2

新一代星载激光雷达卫星 ICESat-2 于 2018 年 9 月 15 日发射升空，轨道高度约为 498 km，轨道倾角为 92°，回归周期为 91 天，飞行速度约为 6.9 km/s。卫星搭载的 ATLAS 采用多波束微脉冲光子计数技术，每秒可以发射 10 000 个激光脉冲，如图 1.2 所示。ICESat-2 具有低能耗、高测量灵敏度、高空间分辨率等特性，这些特性使它能够通过产生密集的沿轨道采样点来克服航天器功率的限制，扩大空间扫描覆盖面积，为未来的星载激光测高提供很好的前景。ICESat-2 可以帮助科学家研究在气候变暖情况下冰冻圈发生变化的原因和程度、测量冰盖和冰川质量的变化、估算和研究海冰厚度等，还可以测量地球上温带和热带地区的植被高度，对全球森林和其他生态系统的植被进行评估（Brunt et al.，2019，2016；Magruder et al.，2018；Tang et al.，2016；Moussavi et al.，2014；宋平 等，2011；杨帆 等，2011）。

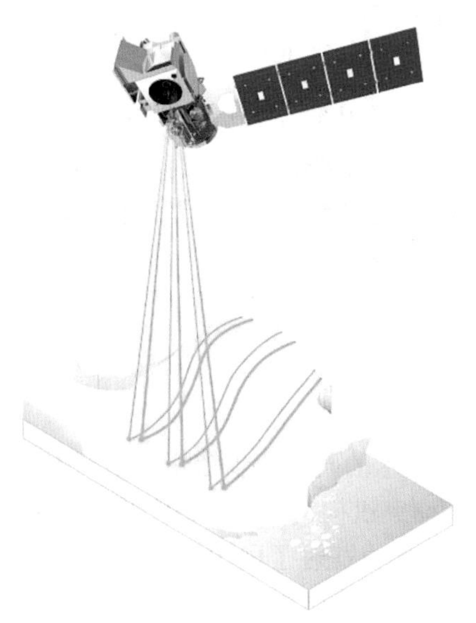

图 1.2　ICESat-2 及其扫描示意图

引自 https: //icesat-2.gsfc.nasa.gov

ICESat-2 搭载的 ATLAS 光子计数激光测高仪具有以下显著特征。

（1）多光束系统，由沿轨道的 3 对 6 个单独的发射波束组成，在轨道上的间隔为 3.3 km，每对光束将具有 90 m 的跨轨道和 2.5 km 的沿轨道间距，旨在满足探测冰面空间变化的科学要求，每对波束弱、强光束的能量比约为 1∶4，用来补偿变化的表面反射。

（2）微脉冲光子计数技术，能够有效地检测从地球表面反射回来的光子。ATLAS 设计允许密集的沿轨道采样和大空间覆盖，且在高飞行高度下具有低能量需求。ATLAS 平均轨道高度为 496 km，在轨道上以 0.7 m 的中心间距产生 17 m 直径的足迹（图 1.3）。相比之下，GLAS 足迹直径为 70 m，间隔为 170 m。

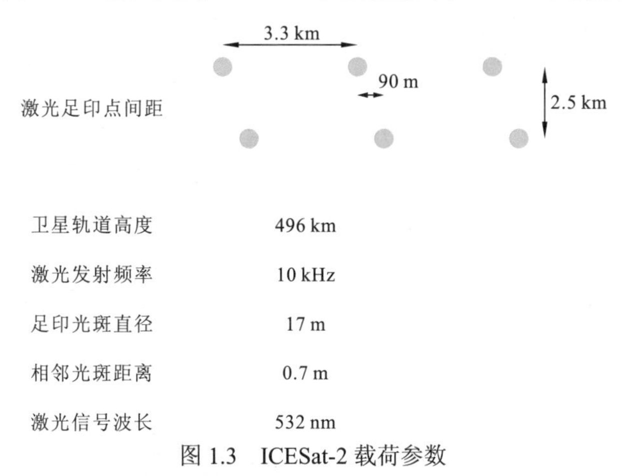

图 1.3　ICESat-2 载荷参数

（3）ATLAS 只能在一个单脉冲（532 nm）下工作，激光重复频率为 10 kHz。密集采样和广泛的空间覆盖将对大规模应用有利，如海平面变化监测、森林结构绘图和生物量估算、改进的全球数字地形模型估算，以及减少与估算的森林生物量和碳相关的不确定性。

1.2.3　资源三号 02/03 星

国内对星载激光测高技术的研究起步较晚，主要聚焦于单激光束脉冲测高系统平台的应用模式，国内研究机构也开展了相应的创新探索。2016 年 5 月 30 日，我国在太原卫星发射中心成功发射了民用三线阵立体测图卫星资源三号 02 星（ZY3-02），2020 年 7 月 25 日成功发射了资源三号 03 星（ZY3-03），形成资源三号多星组网运行（图 1.4）。资源三号 02/03 星均搭载了国内自主研制的对地激光测高载荷，主要用于测试激光测高仪的功能和性能，探索地表高精度控制点数据获取的可行性，以及采用该数据辅助提高光学卫星影像无地面控制立体测图精度的可能性（曹宁 等，2019；李国元 等，2017；张过 等，2017；Li et al.，2016）。资源三号 02/03 星激光测高仪的主要技术性能参数如表 1.2 所示。

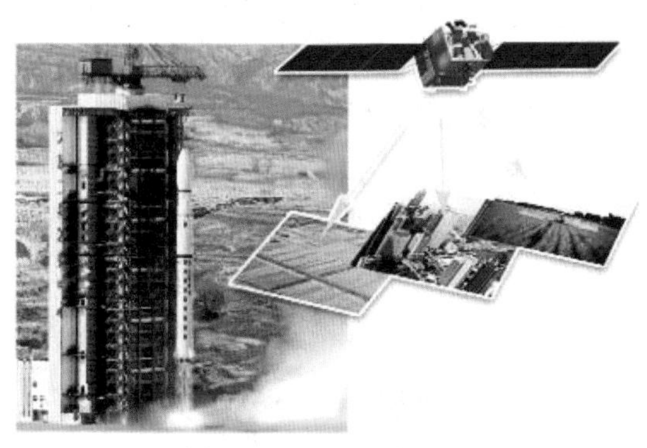

图 1.4　ZY3-02 资料图

表 1.2　资源三号 02/03 星激光测高仪基本参数

参数	数值
激光地面光斑直径/m	≤75
轨道高度/km	500±20
激光波长/nm	1 064
激光出射能量/mJ	200
测距频率/Hz	2
脉冲宽度/ns	5～7
激光发散角/mrad	0.1
接收望远镜口径/mm	200
测高精度/m	1

在 ZY3-02 之前，由于缺乏相关数据，我国在对地观测卫星激光测高领域的发展相对较慢。因此，借助目前 ZY3-02 试验性激光测高载荷，开展数据处理与应用实践，有效促进我国相关技术的发展，为后续的资源三号 03 星、高分七号卫星、陆地生态碳监测卫星等激光测高载荷提供了参考。

1.2.4　高分七号卫星

高分七号卫星（GF-7）属于我国民用高分辨率对地观测系统重大专项成果之

一，是光学与激光多载荷的立体测绘卫星，主要用于我国 1∶10000 立体测图生产及更大比例尺基础地理信息产品的更新，在高分辨率立体测绘图像数据获取、高分辨率立体测图、城乡建设高精度卫星遥感和遥感统计调查等领域取得了突破。高分七号卫星配置了双线阵立体测绘相机和 2 波束激光测高仪，能够获取高空间分辨率立体测绘遥感数据和高精度激光测高数据，如图 1.5 所示。由于星载激光测高仪能够获取高精度的地面高程信息，可作为卫星光学遥感影像三维测图的补充，所以将星载激光测高技术应用于高分辨率测绘卫星，辅助航天摄影测量以提高精度（李国元 等，2021；唐新明 等，2021a，2021b；Xie et al.，2021a，2021b；曹海翊 等，2020；黄庚华 等，2020）。

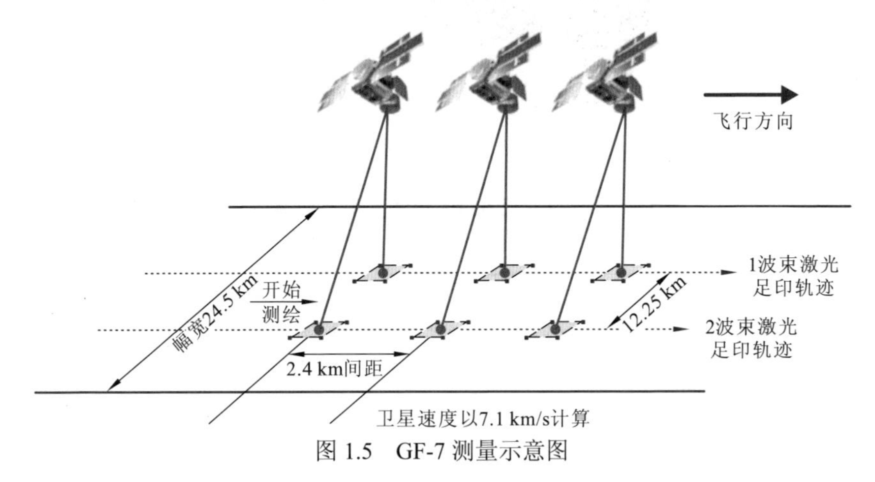

图 1.5　GF-7 测量示意图

GF-7 星载激光测高系统与其他卫星激光载荷最大的区别在于增加了激光分光光路的对地足印相机，在硬件上保证激光点和光学影像的配准，激光测高仪基本参数见表 1.3。为此 GF-7 设计了两种工作模式（同步测量模式和异步测量模式），以满足激光点和光学影像的配准。

表 1.3　GF-7 激光测高仪基本参数

参数	数值
轨道高度/km	500±20
激光地面光斑直径/m	15～20
激光波长/nm	1 064
激光出射能量/mJ	180
测距频率/Hz	3

续表

参数	数值
脉冲宽度/ns	5～7
接收望远镜口径/mm	200
测高精度/m	0.15

GF-7 的发射表明，星载激光测高仪作为一种新型传感器，除能辅助提高光学立体影像的高程精度外，在极地测绘及冰盖监测、地表地物高度反演等方面也存在巨大的应用潜力，这对挖掘国产激光测高载荷的应用领域、提升其应用水平将是重要的基础性工作。

1.3 激光测高产品

星载激光测高系统在短短几十年中的迅猛发展，从深空探测到对地观测，系统复杂性和适应性逐步增强，体现出这个新兴探测方式所具有的独特潜力。星载激光测高系统作为获取三维高程和垂直结构信息非常有效且精确的手段，其产品已应用到越来越多的科学研究或军事等领域。

ICESat 产品经过多次迭代更新，数据产品的分级也逐步被行业接受和融合。目前 ICESat/GLAS 产品采用 2014 年 10 月发布的第 34 版数据，主要数据格式为hdf5。GLAS 标准产品共分为 2 个等级 15 类数据：L1A、L1B 和 L2 级产品，数据类型则有 GLAH01～GLAH15（表 1.4）。L1 级主要涉及卫星激光测高和大气测量的基础产品，其中：L1A 级产品包括 GLAH01 激光测高仪记录的波形数据、GLAH02 激光大气传感器的测量数据、GLAH03 卫星温控系统的工程测量数据、GLAH04 激光点定位轨道和姿态数据等；L1B 级产品包括①GLAH05、GLAH06，主要为激光测距校正的定位数据，当前最新发布的产品将 GLAH05 和 GLAH06 做了合并处理；②GLAH07 大气后向散射产品。L2 级可以划分为卫星激光测高和大气测量的标准应用产品，其中 GLAH08～GLAH11 数据为大气反演的参数产品，如气溶胶颗粒浓度、后向散射系数，大气层高度、光学厚度，云层高度、反射率、透过率和垂直分布等。GLAH12～GLAH15 数据分别是冰川冰盖的高程、反射率产品，海冰高度、粗糙度产品，陆地地表高程产品，以及海洋测高产品。

表 1.4　ICESat/GLAS 产品分级

数据类型	产品分级	数据内容	是否公开
GLA00	L0	原始仪器测量数据	否
GLAH01	L1A	激光测高仪记录的波形数据	是
GLAH02	L1A	激光大气传感器的测量数据	是
GLAH03	L1A	卫星温控系统的工程测量数据	是
GLAH04	L1A	激光点定位轨道和姿态数据	是
GLAH05	L1B	激光测距校正的定位数据	是
GLAH06	L1B	现已取消该数据分级	否
GLAH07	L1B	大气后向散射产品	是
GLAH08	L2	气溶胶厚度和大气层高度产品	是
GLAH09	L2	全球云层高度产品	是
GLAH10	L2	全球气溶胶垂直分布数据	是
GLAH11	L2	全球薄云/气溶胶光学厚度数据	是
GLAH12	L2	冰川冰盖的高程、反射率产品	是
GLAH13	L2	海冰高度、粗糙度产品	是
GLAH14	L2	陆地地表高程产品	是
GLAH15	L2	海洋测高产品	是

ICESat-2 于 2018 年发射，卫星数据产品分级在 ICESat/GLAS 的基础上进行优化处理后，相关数据产品也很快公开发布。2019 年 5 月发布了当前最新版本的 ICESat-2 激光测量数据产品，共分为 3 个等级 22 类数据(最新公布产品分级中增加了 ATL22 数据类型)，对外公开的为 L2～L3 级的部分产品。ICESat-2 产品分级如表 1.5 和图 1.6 所示。

表 1.5　ICESat-2 产品分级

数据类型	产品分级	数据内容	是否公开
ATL00	L0	遥测数据	否
ATL01	L1	激光测量数据 hdf5 格式转换	否
ATL02	L1	科学单元数据	否

续表

数据类型	产品分级	数据内容	是否公开
ATL03	L2	全球地理定位光子数据	是
ATL04	L2	后向散射校正文件	是
ATL05		暂未定义	
ATL06	L3A	陆地冰高程数据	是
ATL07	L3A	北极/南极海冰高程数据	是
ATL08	L3A	陆地植被高程数据	是
ATL09	L3A	后向散射校正级云层特性数据	是
ATL10	L3A	南极/北极海冰干舷高度数据	是
ATL11	L3B	南极和格陵兰地区冰原高程	是
ATL12	L3B	海洋高程数据	是
ATL13	L3B	内陆水体高程数据	是
ATL14	L3B	南极和格陵兰岛冰原高程栅格数据	是
ATL15	L3B	南极和格陵兰岛冰原高程变化栅格数据	是
ATL16	L3B	ATLAS 大气周监测数据	是
ATL17	L3B	ATLAS 大气月监测数据	是
ATL18	L3B	陆地植被冠层栅格数据	否
ATL19	L3B	平均海平面监测数据	是
ATL20	L3B	北极/南极海冰干舷高度栅格数据	是
ATL21	L3B	北极/南极海冰表面高程栅格数据	是

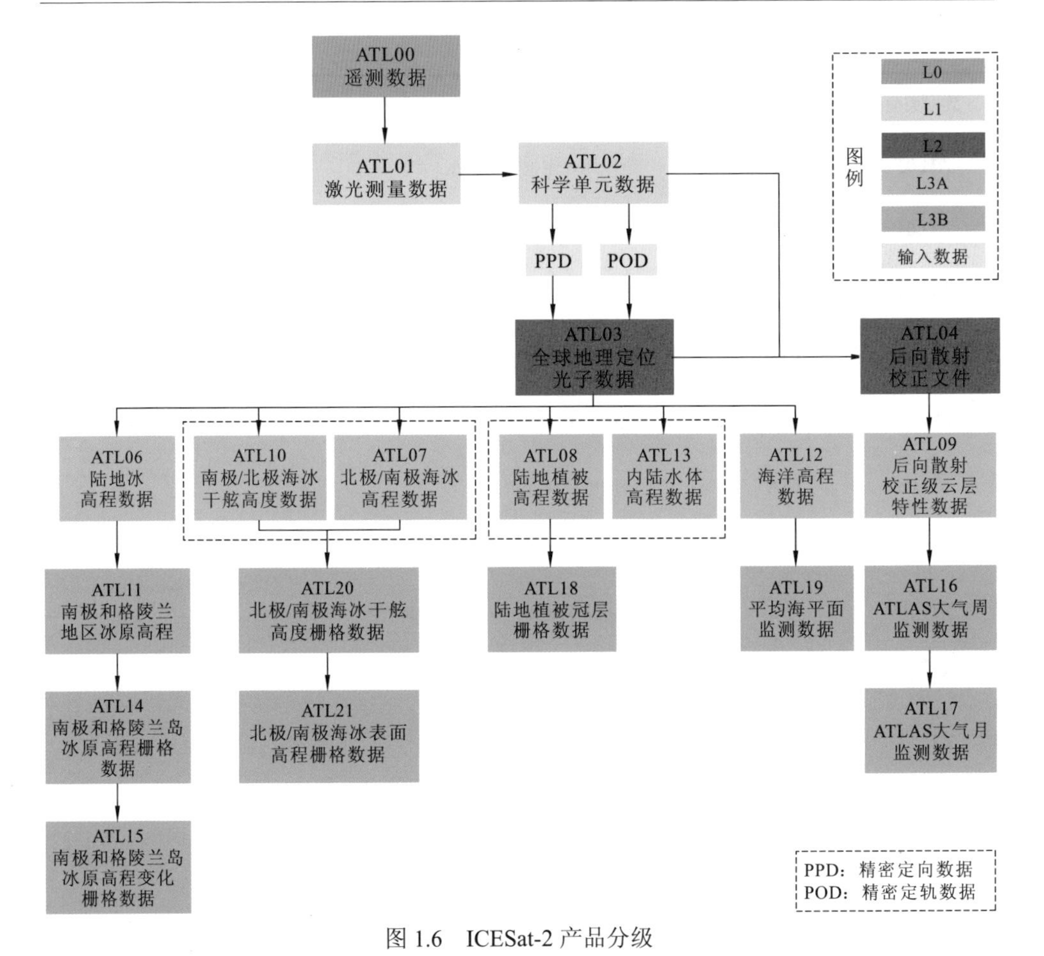

图 1.6　ICESat-2 产品分级

引自：https: //nsidc.org/data/icesat-2

目前我国对地激光测高卫星平台主要采用线性测量模式。对光子计数激光系统的预研攻关也在逐步开展，如北京空间机电研究所、上海卫星工程研究所、中国科学院等单位就光子计数激光载荷研制进行技术攻关，自然资源部国土卫星遥感应用中心、中国科学院空天信息创新研究院、中国林业科学研究院、武汉大学、同济大学等单位组织专门团队开展激光点云数据的处理和应用探索。目前国内对地激光测高数据处理技术和产品分级体系还有待完善，本书将从线性体制和光子计数激光雷达的产品分级入手，对团队开展的验证试验展开分析，详细介绍星载激光测高数据处理的关键技术和方法。

第 2 章　激光对地测高产品分级体系

星载激光测高系统的观测数据不仅包含器件本身所带来的误差，也包含如光束穿越大气产生的散射和折射，以及由地表斜率或粗糙度等引起的目标测量误差。针对激光测高数据处理过程中的误差项，完善国产激光测高卫星的数据产品分级体系，以满足不同用户对数据产品的需求。本章分别就线性体制和光子计数星载激光测高卫星的产品分级展开论述。

2.1　线性体制激光测高产品分级

线性体制星载激光测高数据产品的处理流程包括：首先对激光回波信号数据进行处理获取初始测距值，利用几何定位模型生产星载激光测高初级数据产品；然后利用定标场或高精度数字地表模型（digital surface model，DSM）对激光器进行检校，获取经过系统误差标定后的星载激光测高基础产品；再利用几何补偿模型消除大气测距延迟误差和潮汐改正，得到星载激光测高标准产品；最后利用激光波形及定位数据反演地形高程及地表地物高度，由此得到星载激光测高专题产品。基于激光测高数据处理的技术流程，制订国产线性体制星载激光测高的数据产品分级体系，如表 2.1 所示。

表 2.1　线性体制星载激光测高数据产品分级体系

产品级别	英文名称	数据说明
0 级数据	raw data	卫星激光雷达接收望远镜探测到的回波信号数据，经过光电转换与信号处理，得到激光的原始数据
激光测高初级数据产品	laser initial product	激光测高 0 级数据经过波形预处理、测距数据提取及光斑定位后，得到激光波形数据、测距数据及高程数据等
激光测高基础产品	primary geometry corrected	激光测高初级数据产品经地面激光定标场检校校正补偿后的数据产品

续表

产品级别	英文名称	数据说明
激光测高标准产品	laser altimeter product	激光测高基础产品经过大气测距延迟误差改正、全球潮汐改正后的数据产品
激光测高专题产品	thematic product	激光标准测高产品结合激光波形预处理数据进行反演得到的地表高程数据和地物高程数据等

2.1.1 0级数据

星上下传数据通常为加密的二进制文件，通过文件格式说明对数据进行解译处理，分解出卫星有效载荷的测量数据、平台的姿态和轨道测量数据、系统工程文件等。激光测高0级数据是经过解码和分解处理后得到可识别的特定格式文件，主要包括激光雷达测量数据和辅助数据。激光雷达测量数据包含但不限于：波束标识、高/低增益通道标识、主波波门起始时刻、主波波门结束时刻、回波波门起始时刻、回波波门结束时刻、主波波形数据、回波波形数据。激光雷达辅助数据包含但不限于：激光雷达开关机状态、卫星姿态数据、卫星位置数据、各激光器脉冲能量遥测、各接收通道高/低增益设置值、其他工程数据。

2.1.2 激光测高初级数据产品

为得到真实可靠、质量较高的数据，需要对激光测高0级数据进行预处理，以获取有效的激光测高的初级数据产品。初级数据产品内容包括激光标准波形数据、初始测距参数及光斑初始定位数据等。激光初级数据产品的处理流程包括三部分：激光测量波形数据处理、波形特征参数提取和几何定位。针对激光测高原始波形数据需要进行电压值转换、波形正则化、波形滤波及噪声估计等处理；在此基础上对波形进行分解，从波形数据中分离出目标地物的信号，提取激光测量星地之间的距离参数；最后结合激光雷达辅助数据完成激光光斑的初始定位解算。

2.1.3 激光测高基础产品

线性体制星载激光测高基础产品是经过地面定标处理后的数据产品，也可称为“系统校正”产品，主要经过系统补偿处理后获取精确的激光测距和光轴指向参数，通过定位模型重新解算激光光斑的几何位置。卫星在发射过程中，火箭震动导致载荷相较平台的安装发生变化，激光测量数据在几何定位中存在系统性的线性偏差。这些系统性偏差包括激光测高仪平台装配角误差、测量参考中心偏移误差、测高仪系统的计时误差等。激光测高仪的在轨几何定标则是针对测高仪在轨工作时的各项系统性偏差，利用地面定标场和定标设备来获取有效控制数据，并通过定位补偿模型来修正激光测高仪的测量结果。

2.1.4　激光测高标准产品

线性体制星载激光测高标准产品主要针对卫星激光测距过程中的时变误差进行补偿，其中包括激光测距大气延迟改正和潮汐改正处理等。激光雷达发射信号在大气层传递过程中，大气的折射导致测距误差，需要建立实时大气模型来描述激光信号在大气层中折射率的变化，以便精确修正激光信号的测距时延信息。另外固体地球在日月引潮力的作用下会产生有规律的潮汐现象，需要建立全球的潮汐改正模型来修正激光光斑测高点的高程基准。这些潮汐改正模型主要包括由海潮和固体潮等引起的大地水准面偏移，还涉及极潮、长周期潮和负荷潮等。该级产品数据内容应该包括但不限于激光测距大气时延数据、各类潮汐改正模型的定位修正参数等。

2.1.5　激光测高专题产品

激光测高专题产品主要包括广义高程控制数据产品、冰盖变化监测产品、地表地物高度产品等反演应用产品。线性体制星载激光测高仪能提供全球覆盖的高精度高程数据，可以为全球立体测绘提供高精度控制点数据。太阳同步轨道的卫星搭载激光测高仪可以实现极地区域的高重频观测，为极地冰川的高程变化监测提供重要的数据源。另外，卫星搭载的激光雷达发射信号可以穿透林木冠层照射到地表，通过对雷达接收的回波波形信号的处理和再分析，便可以反演地表覆盖物的高度及其附带参数，例如森林植被高度、覆盖率、郁闭度等信息。除此之外，通过对接收波形的处理和参数提取，对城市区域建筑物平均高度、建筑物密度等参数也可以进行定量反演；利用海洋理论波形与实测波形的加权距离和波形统计特性区别海水和海冰回波，进而反演计算极区平均海平面和海冰冰舷高度等。

2.2 光子计数星载激光测高产品分级

相较于传统线性体制星载激光测高产品，光子计数星载激光测高数据的处理技术流程有较大差异。新体制激光测高卫星采用光子计数雷达探测系统，即“单光子激光雷达”，与传统激光雷达相比其灵敏度要高 2～3 个数量级，更易实现微脉冲、多波束的直接三维成像，可用于精确高效地观测极地冰盖变化、全球海面上升、全球植被高度等。单光子探测器不能探测到信号的大小，单次测量的数据中难以分辨出目标点和噪声点，可以通过记录探测到的每一个单光子事件（目标点或噪声点）的时间标签，根据光子信号的渡越时间来测算每一个单光子事件与平台系统的相对距离；结合运动平台姿态、角度、位置等信息，可以获取每一个单光子事件的三维（经度、纬度、高程）坐标信息。由于光子计数星载激光测高仪的高测量频率，相邻的目标点之间具有一定的相关性，通过多次探测获取相应的点云图，再采用专门的点云去噪方法从点云图中分离出目标点和噪声点，以获取有效的激光点云测量数据。基于光子计数星载激光点云数据处理的技术流程，制订光子计数星载激光测高的数据产品分级体系，如表 2.2 所示。

表 2.2　光子计数星载激光测高数据产品分级

产品级别	英文名称	数据说明
0 级数据	raw data	激光雷达发射的微脉冲信号经地表反射后，通过光电倍增管能够检测到单个光子级别信号，经过光电转换与信号处理，得到激光点云的原始数据
光子点云定位初级产品	photon point product	激光测高 0 级数据经过波形预处理、测距数据提取及光斑定位后，得到激光波形数据、测距数据及高程数据等
激光点云基础定位产品	primary geometry corrected	光子点云定位初级产品经地面激光定标场检校校正补偿后的数据产品
激光点云标准测高产品	laser altimeter product	光子点云定位初级产品经过大气延迟修正、全球潮汐修正后的数据产品
激光点云专题产品	thematic product	激光点云标准测高产品结合多源遥感数据进行反演得到的地表高程数据、地物高程数据及地表高程变化监测数据等

2.2.1　0 级数据

0 级数据是星上下传的二进制数据经过解译、编目等处理，分解出的特定时间、区域范围的卫星载荷测量数据、平台的姿态和轨道测量数据、系统工程文件等。该级数据是经过解码和分解处理后得到可识别的特定格式文件，主要包括激光雷达测量数据和辅助数据。激光雷达测量数据包含但不限于：主波波束标识、主波波门起始时刻、主波波门结束时刻、回波波门起始时刻、回波波门结束时刻、主波时间标签、光子事件。辅助数据包含但不限于：激光雷达开关机状态、卫星姿态数据、卫星位置数据、各激光器脉冲能量遥测、其他工程数据。

2.2.2　光子点云定位初级产品

光子点云定位初级产品是在 0 级数据的基础上，对每一个有效光子事件做几何定位处理，以获取光子点云的地理空间坐标。由于激光雷达的光子探测机制极其灵敏，受到太阳背景噪声、地表起伏及反射率差异的影响，激光测量点云数据包含大量噪声信号，单个波束光子事件无法区分目标点和噪声点。该级产品仅针对单个光子事件进行处理，利用光子点云所在相对时间轴测算相对卫星平台的距离，并结合卫星精密定轨和姿态测量数据，便可以解算每个单光子事件对应的地理空间位置，采用经度、纬度和高程等信息来进行标识。

2.2.3　激光点云基础定位产品

激光点云基础定位产品是对光子点云定位数据进行去噪滤波处理，获取激光雷达探测地物目标点的坐标，并对地物目标点进行系统校正以获取精确的几何定位坐标。该级产品需要借助高重频连续观测的光子点云数据，并结合地表的连续特性进行噪声点去除，以获取地物目标点云数据。针对激光载荷测量中存在的系统性偏差，开展在轨定标处理，修正激光测高仪平台装配角误差、测量参考中心偏移误差、测高仪系统的计时误差等系统性误差。利用地面定标场和特定地物目标来建立点云与地面的关联关系，以此获取有效控制数据，并通过定位补偿模型提升激光点云的几何精度。

2.2.4 激光点云标准测高产品

激光点云标准测高产品与线性体制激光测高标准产品一致，针对卫星激光测距过程中的时变量误差进行补偿，包括激光测距大气延迟改正和潮汐改正处理等。通过建立实时大气模型来描述信号穿越大气层中折射率的变化，以便精确修正激光信号的测距时延误差。另外固体地球在日月引潮力的作用下会产生有规律的潮汐现象，需要建立全球的潮汐改正模型来修正激光光斑测高点的高程基准。这些潮汐改正模型主要包括由海潮和固体潮等引起的大地水准面偏移，还涉及极潮、长周期潮和负荷潮等。该级产品数据内容应该包括但不限于激光测距大气时延数据、各类潮汐改正模型的定位修正参数等。

2.2.5 激光点云专题产品

激光点云专题产品主要包括广义高程控制数据产品、地表地物高度产品、地表高程变化监测产品及多源数据融合产品等。激光光子点云数据中包含大量噪声和地物目标信号，对光子计数激光处理便是从点云数据中分离地物目标信息，同时通过监督分类或非监督分类方法区分不同的地物类型，这可以衍生出不同的地表高度产品，如植被高度、海冰厚度等。激光测高卫星采用太阳同步轨道还可以为极地冰川的高程测量提供重要的数据源，卫星的重访周期和回归周期的数据还可用于极地冰盖高度变化监测，为全球冰川移动及海平面变化研究提供基础产品。光子计数激光雷达采用 532 nm 波段对水体具有一定的穿透性，可用于测量湖泊深度、浅海水深及地貌等，为内陆湖泊和近海岸线海底地貌的探测提供重要的数据产品。

第 3 章　激光测高数据处理关键技术

星载激光测高系统的观测数据不仅包含器件本身所带来的误差，也包含如光束穿越大气产生的折射和传播延迟、由日月引力产生的潮汐作用等环境误差，以及由地表斜率或粗糙度等引起的波形参数提取误差等。本章以星载激光测高系统误差分析的结果为依据，首先构建星载激光测高严密几何模型，在此基础上再针对系统内外环境对激光测高误差进行分类分析，对激光测高系统中时变误差项选用合适的补偿模型进行处理，包括激光测距的大气延迟、潮汐改正等。

3.1　激光测高误差分析

从星载激光测高系统的工作流程来看，激光测高数据的误差来源主要分为两部分（图 3.1）：一是由激光测高系统的硬件及平台设备自身精度和稳定性引起的误差；二是激光信号传输过程中，由地球大气及地表地物等系统外部环境给激光测高结果带来的误差。

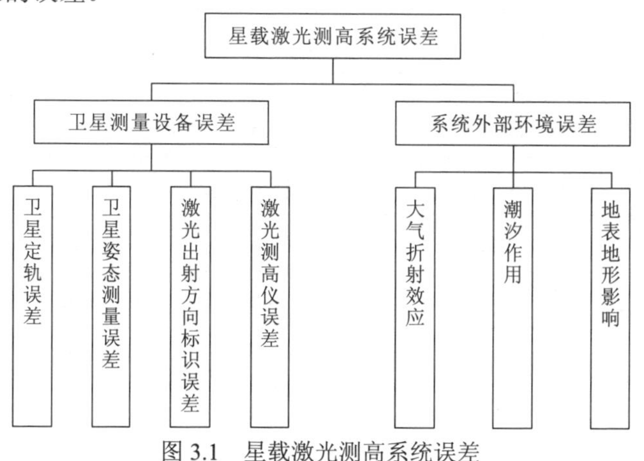

图 3.1　星载激光测高系统误差

对激光测高产品而言，激光定位数据产品是经过大气、潮汐、载荷测距误差改正后，并结合高精度的卫星定姿定轨数据、地面标定参数解算得到的地面激光足印光斑位置。激光光斑的定位精度和高程精度需要解决：①GPS轨道测量位置与激光雷达发射点的位置关系；②姿态测量系统获取的姿态数据由惯性坐标系到卫星平台坐标系的转换；③激光测距值的精确解算。由此来看，影响激光光斑定位的误差包括：轨道测量误差、姿态测量误差、载荷安装位置测量误差（实验室）、光轴指向测量误差（实验室）、时间同步误差及激光测距误差等。

从激光雷达测量误差源在测量模型中引入的误差种类来看，可以分为激光出射点位置误差、激光雷达指向误差和激光雷达测距误差，各类误差最终引起激光点测量的平面定位误差和测量高程误差（图3.2），其误差分类和影响机理如表3.1所示。

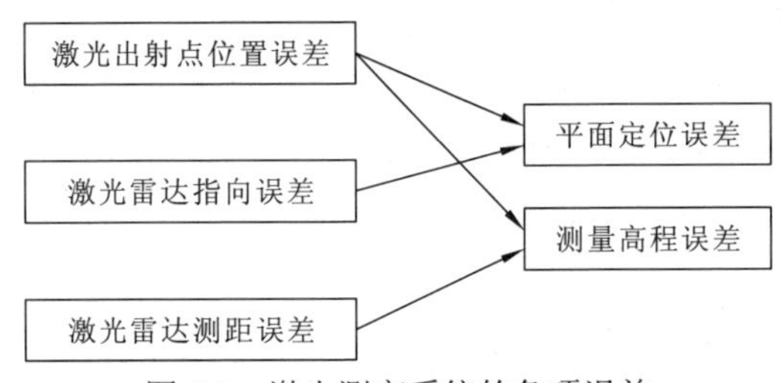

图3.2 激光测高系统的各项误差

表3.1 激光雷达测量误差分类及影响机理

误差	分类	影响机理
卫星平台测量误差	轨道测量误差：包括时钟同步误差、轨道位置测量误差	轨道位置的测量误差，引起激光测高误差和平面误差
	姿态测量误差：星敏相机测量实时姿态误差、长周期偏移误差等	激光光轴的指向误差，主要引起激光平面定位误差
载荷器件误差	数字转换器件延迟	时间同步误差，引起激光测高误差和平面误差
	激光探测器信号饱和	信号饱和引起波形峰值延迟，引起激光测距误差
	激光出射指向和测距误差	同时引起激光测高误差和平面误差
测量环境误差	大气散射、大气折射延迟	大气延迟影响激光测距，导致激光测量高程误差
	光斑强度分布一致性影响	激光光斑能量分布的差异引起波形高度反演的结果与地物目标不一致
	海洋潮汐、固体潮	潮汐引起高程基准误差，主要引起高程误差
地物目标误差	地表反射率、斜率和粗糙度	激光光轴指向与测距值不一致，引起激光点水平定位误差

3.1.1　卫星测量设备误差

星载激光系统中硬件设备的误差主要来自卫星轨道、姿态的测量误差，激光测高仪的测距精度，以及各设备的安装误差等。本小节针对激光测高系统平台的误差进行分析，主要通过构建卫星测高链路仿真平台，对各误差项对最终激光测高精度的影响进行仿真分析。卫星平台的状态参数主要参照目前在轨运行的测绘卫星，其他设备的仿真参数则依照载荷在实验室测定的参数和结果。

1. 卫星定轨误差

卫星全球定位系统（global positioning system，GPS）初始测量误差较低，通常需要结合精密星历数据进行辅助处理。假设卫星定轨的X、Y、Z轴三个方向随机测量误差为 5 m，模拟得到激光足印点定位误差分布如图 3.3 所示。由轨道测量精度引起的平面和高程的定位误差分布较为随机，测量值与真实值的偏差呈现近似正态分布。为降低卫星定轨误差对激光测高精度的影响，在激光测高数据业务化处理过程中通常采用精密定轨数据。

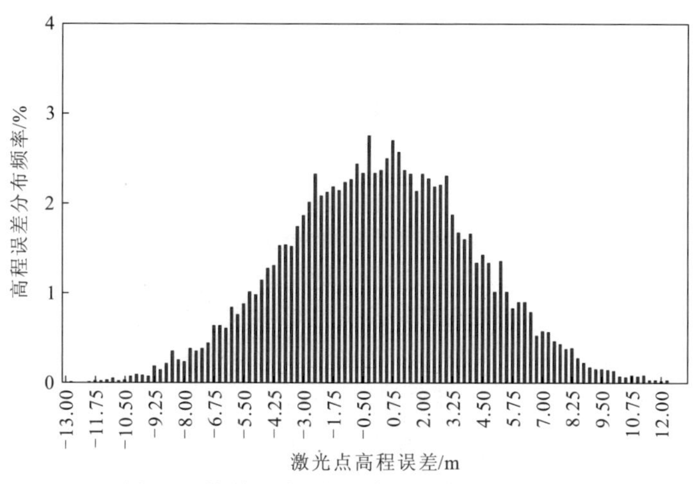

图 3.3　轨道误差引起的激光测高误差分布图

2. 卫星姿态测量误差

采用欧拉角对姿态引起的激光定位误差进行分析，其中沿卫星飞行方向（X轴）的姿态变化为滚动角（roll），沿 Y 轴的姿态变化为俯仰角（pitch），Z 轴指向地心方向为偏航角（yaw），如图 3.4 所示。

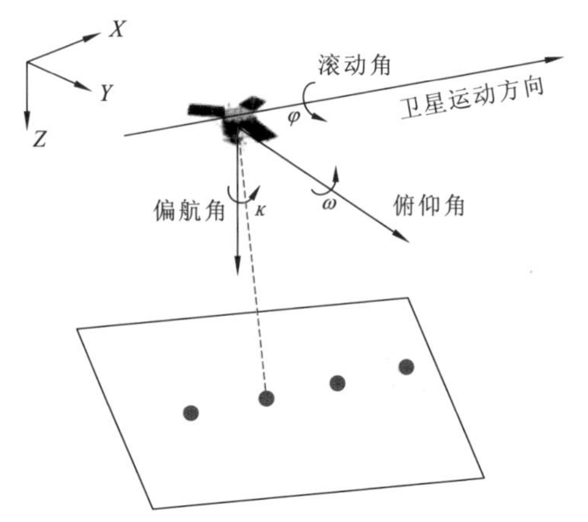

图 3.4　激光测高卫星姿态变化示意图

卫星的滚动角造成激光器指向在垂直轨道方向产生位移，俯仰角造成激光定位在沿轨方向产生偏移，而偏航角导致激光定位误差分布如两个扇形，由于激光器近似平行于 *Z* 轴，偏航角引起的误差偏移相对较小，如图 3.5 所示。

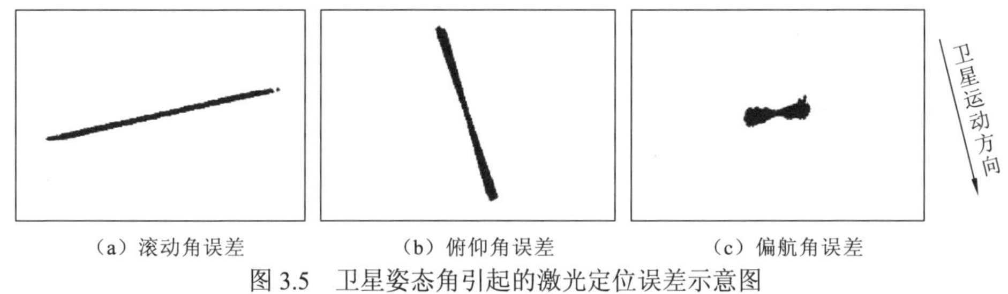

（a）滚动角误差　（b）俯仰角误差　（c）偏航角误差

图 3.5　卫星姿态角引起的激光定位误差示意图

假定卫星测量姿态角度的随机误差为 3″，模拟 10 000 组激光足印点的水平位置和测高值的误差分布，如图 3.6 所示。由姿态测量误差引起的激光水平定位误差分布在长宽约 25 m 的类似正方形区域内，误差点在矩形中心分布较为密集；而解算得到的激光点高程与真实值之间的误差为±0.06 m，由此引起的激光测高误差较小。

3. 激光出射方向标识误差

由于星载激光雷达测量数据不用于成像，难以像光学相机一样实时记录观测点位置的环境，为了提升激光测高数据的可用性，激光测高卫星平台设计了激光共光路的光学相机，即足印相机。足印相机可以在对地面地物成像时记录激光出射光斑位置。足印相机的工作原理是通过记录激光雷达发射脉冲的方向来解算激

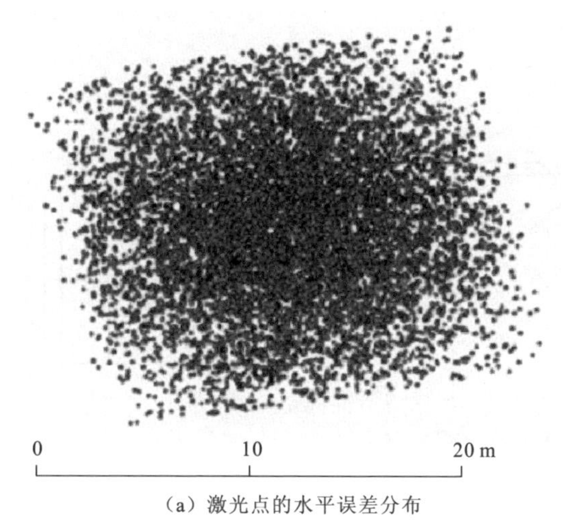

（a）激光点的水平误差分布

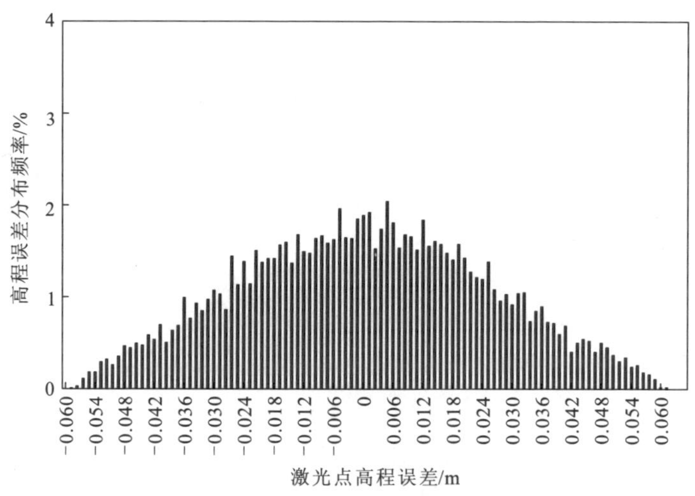

（b）激光点的高程误差

图 3.6 姿态误差引起的激光测高误差分布图

光光轴指向，并非直接对地面激光光斑成像。目前，足印相机通常采用面阵相机来标识激光出射指向，常用两种模式：一种是 ICESat 采用的模式，将激光光束引入星敏参照相机，并通过激光参考相机（laser reference camera，LRC）和激光仿形阵列（laser profiling array，LPA）相机来获取激光束在惯性坐标系的指向（图 3.7）；另一种是采用对地成像的激光足印相机，通过记录激光束的出射方向和地物信息建立关联关系，GF-7 采用该种模式（图 3.8）。

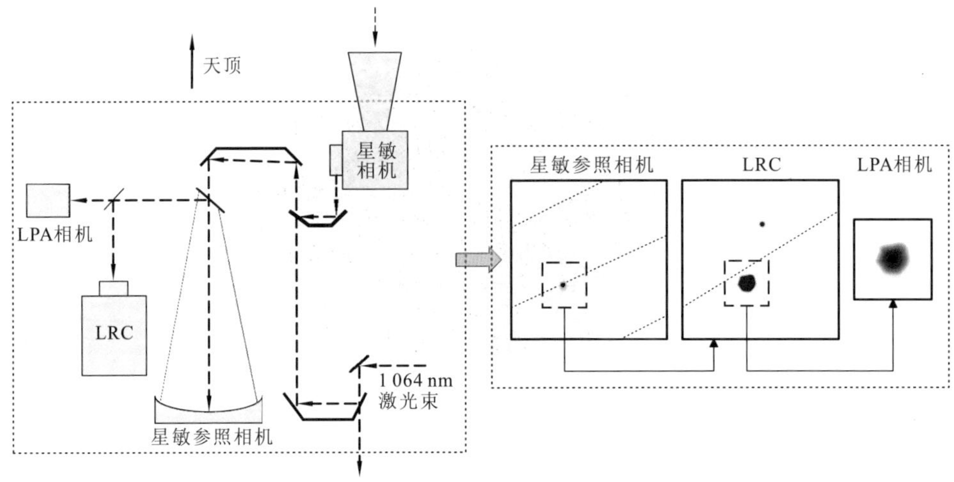

图 3.7 ICESat 对天成像的足印相机工作模式

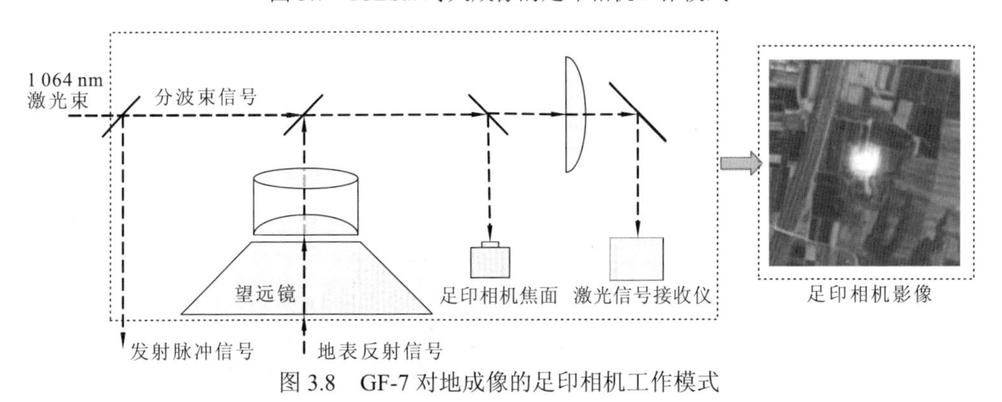

图 3.8 GF-7 对地成像的足印相机工作模式

激光出射方向标识相机引入的激光点平面定位误差包括两部分：一是由导光系统的光路不平行引起的相机上激光光斑位置偏移，二是相机记录激光光斑的中心提取误差。这两部分分别引起激光光轴指向误差和激光光斑平移误差。假定卫星运行高度为 500 km、相机标识激光光轴偏移为 0″～10″、激光光斑中心提取误差为 0～10 m，通过数学模拟方法构建相机标识误差与激光点平面定位误差的关系，如图 3.9 所示。

传统光学遥感影像记录地表地物的反射强度信息，而激光测高数据则记录地表的三维高程信息，两者难以通过影像匹配的方式实现空间基准的一致性。激光足印相机的工作模式可以提升激光光斑的定位精度及产品的可读性。我国激光测高卫星主要采用对地成像的足印相机模式，这在硬件层面上保证了激光点和光学影像的配准，但是足印相机系统的引入增加了不同载荷之间的误差传递，这一部分误差在激光专题产品处理过程中需要着重考虑。

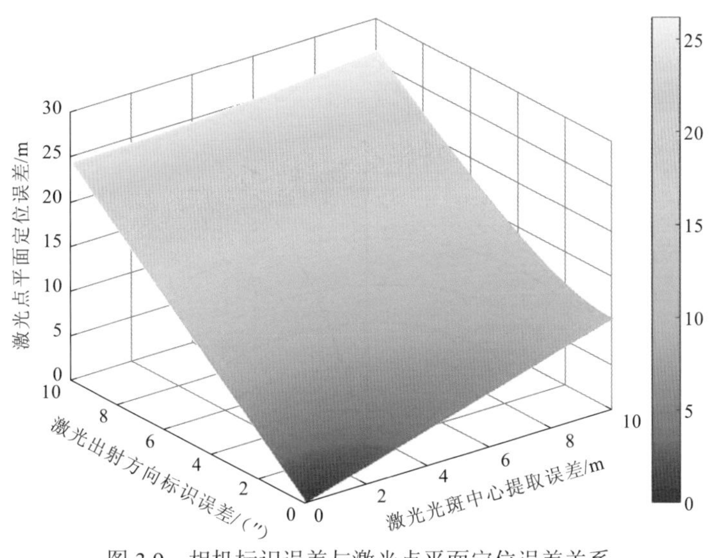

图 3.9　相机标识误差与激光点平面定位误差关系

4. 激光测高仪误差

除了卫星平台的测量误差，影响激光测高精度的因素还包括激光器安装误差、激光出射延迟及测距时延、激光器测距随机偏差、激光出射光轴指向随机偏差等。激光器安装误差会引起激光束出射指向的偏移，激光的出射延迟则导致其测距时刻的姿态和轨道测量值出现偏差，激光的测距时延则是激光测距的系统误差，以上激光测高仪的系统误差均可以利用在轨定标进行误差补偿。除了以上测量误差，激光测距数据处理误差也不容忽视，由于激光测高仪通常采用垂直地面的拍摄模式，激光测距精度主要引起激光足印的高程偏差，这就要求地面处理系统选用合适的模型进行处理。

3.1.2　系统外部环境误差

与传统光学立体测绘不同，激光测高系统作为主动遥感方式，在激光器发射信号之后，信号必然受到系统外部环境的影响，造成激光测量误差，这些外部环境影响主要包括大气的折射效应、日月等潮汐作用及地表坡度和粗糙度等。

1. 大气折射效应

研究结果发现，大气折射效应严重制约了激光测高仪测量精度的提升，如图 3.10 所示。激光测高卫星多运行在 500～600 km 的轨道，在这一高度运行的卫星主动发射的电磁波信号受到对流层大气的影响较大，其中大气折射效应引起的测距延迟是必须考虑的误差源之一。

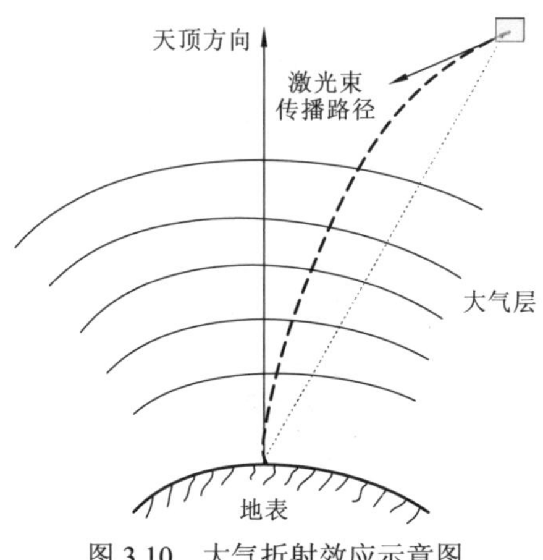

图 3.10　大气折射效应示意图

星载激光测高仪发射的电磁波经过大气层时发生折射并造成测距延迟，为获取高精度的测距结果需要对测距延迟进行修正，但不同载荷所采用的大气延迟改正模型不尽相同。通常情况下，地球大气处于流体静力平衡状态，其质量变化等同于表面气压变化。现阶段为了补偿激光测距的延迟误差，主要通过构建精确的大气模型，利用经验公式和拟合函数补偿测距中的大气延迟值。由于全球气象数据获取困难、精度不确定等问题，需要选取高精度的全球大气模型，并将其应用到星载激光测距延迟改正方法中，以满足星载激光全球测高数据的精度需求。

2. 潮汐作用

潮汐是指地球表面受月球和太阳的引力作用而产生的周期性升降运动，这主要导致激光所测高程与地球椭球基准高程之间的不一致性（图 3.11）。海洋重力观测结果包含潮高在内，需要归算到大地水准面上。通常将开阔平静的海洋平面当作大地水准面。自然海面和作为大地水准面的平均海面之间海水层的吸引力与这段空间距离的重力正常变化要加以改正，称为潮汐改正。潮汐改正主要包括海潮（ocean tidy）和固体潮（Earth tidy）等引起的大地水准面偏移。

针对地表高程随纬度相关的长周期偏移和日周期、半日周期的潮汐现象进行补偿修正，同时考虑海潮改正和固体潮改正两部分构建全球的潮汐改正模型。海潮改正主要是利用海洋潮汐模型进行改正，本书使用全球的海潮模型对海潮进行改正。利用有限单元解法（finite element solution，FES）构建的海潮改正模型可以实现全球区域的海洋潮汐改正，FES2014 的格网分辨率为 1/16 经纬度，通过时

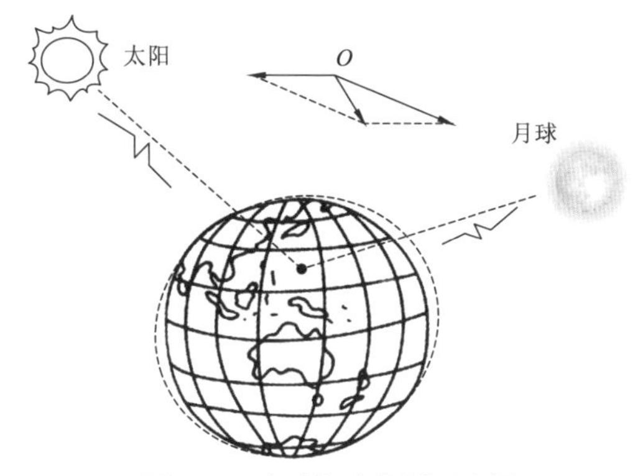

图 3.11　全球潮汐作用示意图

间和位置信息可以对海潮进行改正。固体潮改正主要利用国际地球自转服务（International Earth Rotation Service，IERS）中提供的成熟的处理算法，对地面点进行处理，输入坐标和时间信息可以处理获得地面点的偏移量并进行修改。

3. 地表地形影响

当激光器发射的脉冲信号在地表发生反射和散射时，其返回的能量除了受到大气和激光测高系统参数影响，还受到光斑区域内目标几何和反射特性（主要包括地表的反射率、地势起伏、地物垂直结构及地物的水平分布等诸多因素）的影响（图 3.12）。本小节主要从激光回波信号的处理着手，分别对地表坡度和地物对激光回波信号的影响展开分析，为不同地表地形的激光回波信号仿真及激光回波参数提取奠定理论基础。

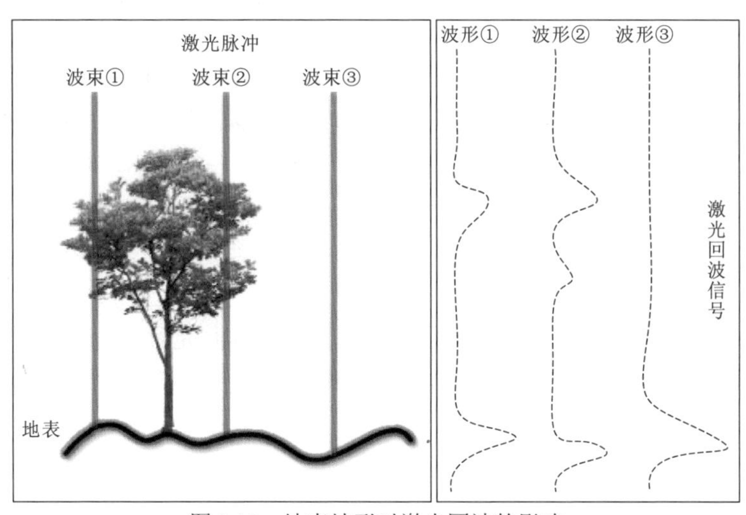

图 3.12　地表地形对激光回波的影响

地表坡度对激光回波波形的影响主要体现在波形的展宽和子波形的混叠上。通过建立在不同坡度和地形下的地物反射特性模型，可以定量地分析坡度的改变对回波波形的影响。同时针对特定地物分布条件，可以构建地面坡度对波形影响的数学解析模型。目前用于激光地物反演的研究中，多采用地面数字高程模型（digital elevation model，DEM）数据作为参考源，以消除地表坡度对地物高度参数反演的影响。由于激光回波波形在均匀地物分布条件下随坡度变化其回波信号也会有规律的变化，这就可以通过仿真建模的形式建立激光回波波形与地表坡度的量化关系，以降低地表坡度对激光回波信号特征参数提取的影响。

另外地表地物（如林区植被、城区建筑物等）对激光信号的影响则主要体现在地物高度等主要参数反演与精度验证。地物高度指数是表征激光脉冲穿越地物顶端到达地表所需的平均时间，这个地物的顶端有可能是刚性的建筑物，也有可能是具有透过性的植被冠层，因此提取激光回波信号的起始位置即可确定地物的高度信息，即回波信号的脉冲起始点到地面回波脉冲重心的时间间隔。但是对植被冠层而言，激光信号的穿透性与不同厚度植被冠层对回波信号产生的延展效应，都将会影响后续激光回波数据处理和提取回波参数。

3.2 激光测距数据处理

3.2.1 线性体制激光雷达波形数据处理

线性体制星载激光雷达主要记录信号的波形强度信息和时间标签，波形数据处理的流程主要有波形数据预处理、波形分解、波形参数提取三个步骤（Li et al.，2016；赵泉华 等，2015；Ma et al.，2015；Li et al.，2013；赵欣 等，2012），整体技术路线如图 3.13 所示。

1. 波形数据预处理

为得到真实可靠、质量较高的数据，需要对星载激光测量信号进行预处理。数据预处理阶段的关键技术主要包括电压值转换、波形正则化、饱和补偿与过零负冲修正、波形滤波及噪声估计。

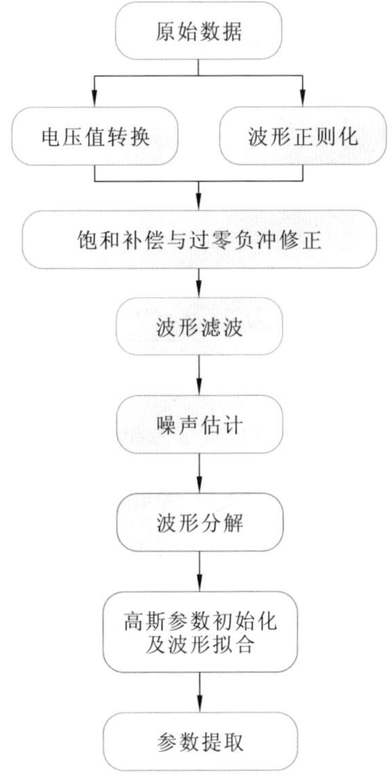

图 3.13　线性体制星载激光雷达波形数据处理技术流程图

1）电压值转换

电压值转换是指波形振幅从原有强度记数转换成真实电压值的过程，其目的是得到星载激光雷达波形数据的真实强度值，起到辐射定标的作用。具体的转换公式为

$$f = a \cdot y + b \tag{3.1}$$

式中：y 为转换前的强度值；f 为转换后的电压值；a、b 为转换系数，可以根据激光器的状态通过定标测试获取。

电压值转换是将卫星下传的激光波形振幅数据转换成具有物理意义的电压值，这就相当于光学影像处理过程中的辐射定标处理。图 3.14 为 ICESat/GLAS 激光回波信号经电压值转换后的波形数据。

2）波形正则化

波形正则化用于不同星载激光雷达数据之间的比较。由于激光脉冲受到大气环境条件及激光器本身性能的影响，其接收能量会发生变化，此外波形所处的地

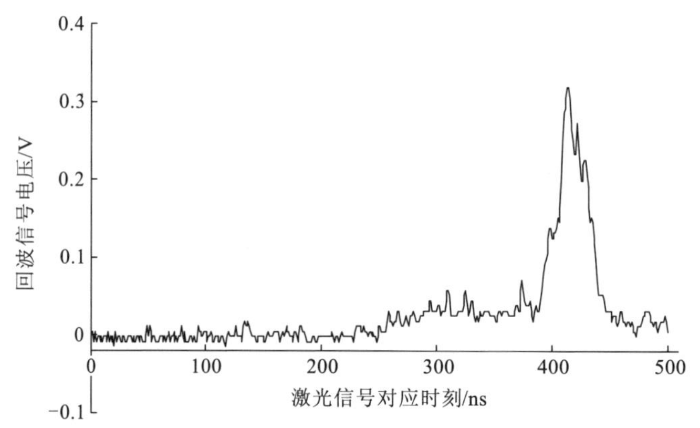

图 3.14 ICESat/GLAS 激光回波信号经电压值转换后的波形数据

形条件的差异也会导致波形能量的改变。因此在对比分析不同的脉冲波形时，需要对波形进行正则化处理，处理过程可以用下式表示。

$$V_N(i)=\frac{V_i}{V_T},\quad V_T=\sum_{i=1}^{N}V_i \tag{3.2}$$

式中：N 为波形采样数；V_i 为波形采样点的电压值；V_T 为波形采样点的电压值之和。

3）饱和补偿与过零负冲修正

在激光波形采样电路的设计中，信号过强会被探测器直接截断，就会出现激光发射信号部分丢失的现象。为了避免信号强度过大损坏设备器件而增加了保护机制，通常设定合适的保护阈值可以避免这种现象。另外激光回波信号可能在其幅频曲线的平坦段出现起伏状态，即信号采样过程中部分频率的放大倍数异常，使得部分回波信号的频率突出，在下降沿时会产生过零的信号，并会持续振荡，如图 3.15 所示。此现象在 ICESat/GLAS 原始数据中同样存在，因此在激光波形数据处理过程中，需要对回波的过零负冲进行校正以减小对测距结果的影响。

4）波形滤波

波形滤波的目的是有效削弱噪声并保留有用的波形信息，可采用高斯滤波进行噪声处理。对于较为平坦的裸地，激光雷达系统得到的回波类似于单一高斯脉冲，但地面有一定坡度或者起伏时，会造成回波脉冲波形的展宽。在有植被覆盖、建筑物等情况下，光斑内被探测目标在垂直方向上有明显的高度变化，此时回波信号可以分解为多个高斯分量的复杂波形，而回波波形与激光光斑内的地形

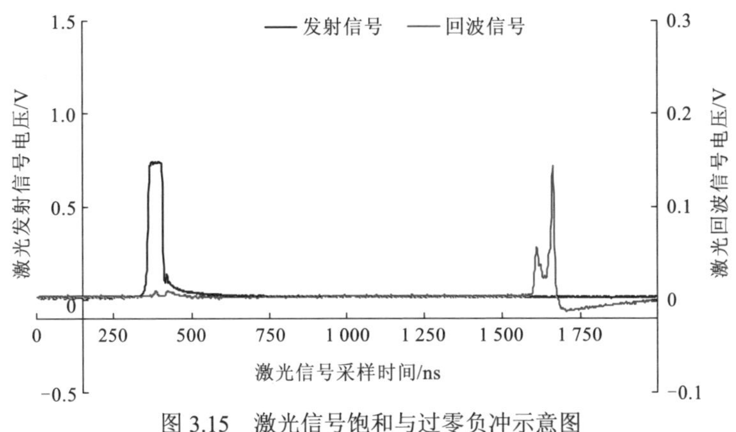

图 3.15　激光信号饱和与过零负冲示意图

和地物特征密切相关。而这些高斯分量也包含了地面起伏、粗糙度、海面高度、森林冠层高度及大气特性等综合信息。高斯滤波是一种常用的去噪方法，其实质是信号的平滑处理，基本思想是将高斯核函数与原始信号进行卷积得到滤波输出后的信号，如图 3.16 所示。

$g(t)$ 原始信号 → 高斯函数 → $s(t,\sigma)$ 输出结果

图 3.16　高斯滤波原理示意图

设一维高斯函数为

$$g(t,\sigma)=\frac{1}{\sqrt{2\pi\sigma}}\mathrm{e}^{-\frac{t^2}{2\sigma^2}} \tag{3.3}$$

其一阶导数 $g^{(1)}(t,\sigma)$ 称为高斯滤波器：

$$g^{(1)}(t,\sigma)=\frac{-t}{\sqrt{2\pi\sigma^3}}\mathrm{e}^{-\frac{t^2}{2\sigma^2}} \tag{3.4}$$

$f(t)$ 被 $g^{(1)}(t,\sigma)$ 滤波的结果 $s(t,\sigma)$ 为

$$s(t,\sigma)=f(t)*g^{(1)}(t,\sigma) \tag{3.5}$$

式中：$*$为卷积运算符；σ为波形样本的标准方差。高斯滤波器的平滑作用可以通过σ来控制，即可通过改变高斯标准方差σ来调整信号的平滑程度。

5）噪声估计

由于传感器本身及大气散射等因素的影响，星载激光雷达接收的回波波形中通常会存在一定的噪声，其中背景噪声是一个很重要的影响因子。波形背景噪声

的估计有利于精确确定波形中有效回波的起始、结束位置和波形分析处理。常用的估计背景噪声的方法有直方图统计法和简单经验估计法。

用直方图统计法进行背景噪声估计：首先，对整个波形数据的所有帧进行直方图统计；然后，对统计后的直方图进行高斯函数拟合，高斯函数的期望被认为是回波数据的背景噪声均值，高斯函数的标准差则被认为是背景噪声的标准差。

根据经验进行背景噪声估计的一种简便算法：选取回波数据的前后各N帧波形采样点的数据值进行统计，其数学期望值和标准差被视为背景噪声均值和标准差的良好估计，如图 3.17 所示。

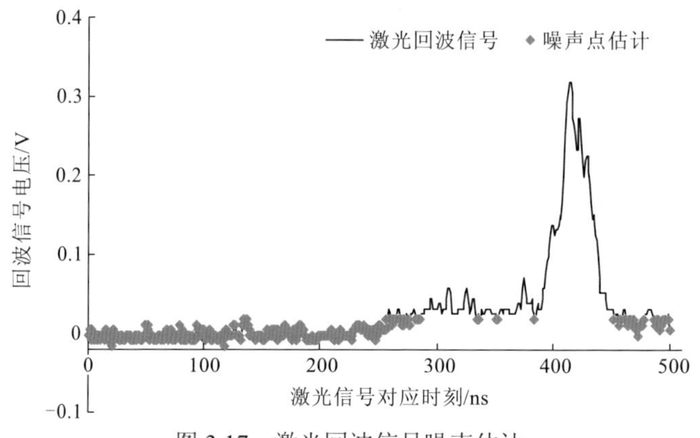

图 3.17　激光回波信号噪声估计

$$m_N = \sum_{i=1}^{N} \frac{V_i}{N} \tag{3.6}$$

$$\sigma_N = \sqrt{\sum_{i=1}^{N} \frac{(V_i - m_N)^2}{N-1}} \tag{3.7}$$

式中：V_i 为第 i 个采样点的振幅；m_N 为平均背景噪声；σ_N 为背景噪声标准差。

2. 波形分解

激光器发射的脉冲信号一般服从高斯分布，卫星探测器接收的回波是不同表层反射信号的叠加。对于平坦的裸露地表，激光探测系统得到的回波属于单次高斯信号；对于具有一定坡度或起伏的地表，回波脉冲波形会被展宽；对于有森林植被覆盖地区或者城市建筑物、构筑物等地表，激光光斑所探测范围内目标在垂直方向上有明显高程差，此时激光回波信号则是由多个高斯信号叠加而成的复杂波形。因此，激光回波波形与其光斑内的地形和地物高度密切相关。激光回波波形分解便是将复杂的回波信号分解为一个或多个高斯信号，并服务于后续波形参数提取，用于解析光斑探测区域内地势起伏、地表粗糙度、地物高度等综合信息。

在进行激光回波波形拟合之前，需要预判模型的初始参数，将初始估计参数值代入模型中进行最小二乘迭代，以求解模型的最优参数。利用高斯分布函数拟合激光回波信号模型

$$E_R(t) = \varepsilon + \sum_{n=1}^{N_p} W_n,\quad W_n = a_n \cdot \mathrm{e}^{-\frac{(t-t_0)^2}{2\sigma_n^2}} \tag{3.8}$$

式中：ε 为拟合波形的噪声水平；W_n 为分解波形的拟合函数；a_n 为高斯拟合波形的峰值；t_0 为拟合波峰时刻；σ_n 为波形的展宽。

利用高斯函数模型分解激光回波信号，得到波形拟合结果，如图3.18所示。

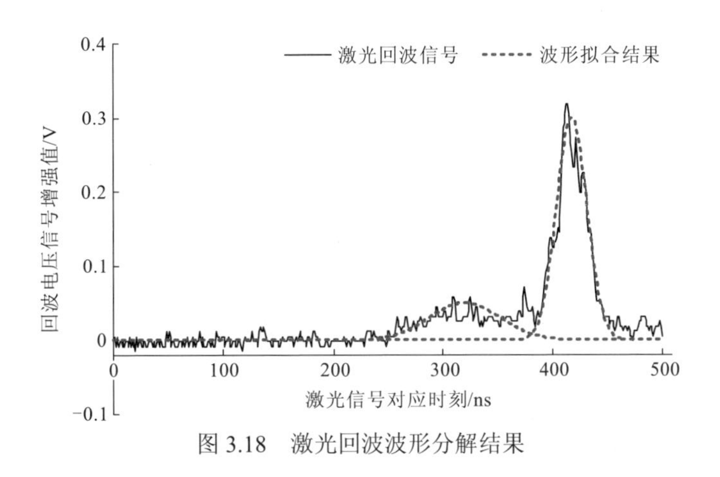

图 3.18　激光回波波形分解结果

3. 波形参数提取

由于地表地形的复杂特性，经过波形分解处理后的单个波形信号往往会存在一定的展宽，经过初始参数估计和波形拟合处理后便可以获取较优的波形分解数据。针对单个波形分解数据提取其特征参数，便可实现激光测距、地形高度及地物特征等参数反演。首先通过求解波形分解结果的一阶及二阶偏导数，可得到波形的拐点与波峰位置，进一步就可分析高斯函数的中心位置、半波宽、振幅等一系列特征参数，同时利用波形采样点的能量垂直分布，求解涉及能量特征分布的度量参数。针对激光分解波形提取激光测距信息和相关特征参数等，如图 3.19 所示。

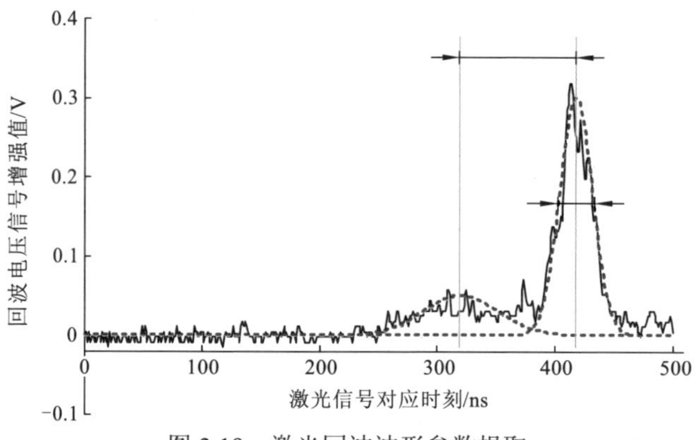

图 3.19 激光回波波形参数提取

另外ZY3-02和ZY3-03平台搭载的激光器采用阈值记录测距法，保留有效的激光测距特征参数，其测距原理如图3.20所示。当激光波形的瞬时能量大于出射波阈值 N_1 时，则记录时刻 t_1；回波能量超过阈值 N_2 时，则记录激光的回波时刻 t_2。由于激光波形记录时刻与 GPS 时钟相关联，两次时间记录值均为整数时刻（ns），激光发射脉冲与接收到回波信号所经历的时间间隔 $t_{tran} = [t_2] - [t_1]$。

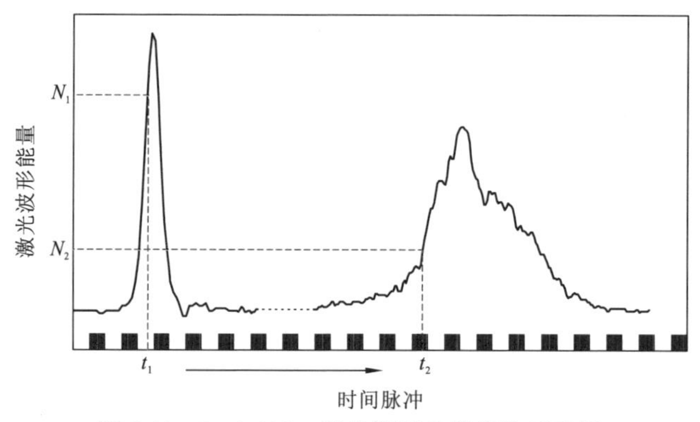

图 3.20 ZY3-02/03 激光测距参数提取示意图

3.2.2 光子计数激光雷达测距数据处理

基于单光子探测体制的激光雷达采用工作在盖革模式下的雪崩光电二极管或光电倍增管等单光子探测器作为接收器件，其灵敏度相较于线性体制激光雷达要高2～3个数量级，从而更易实现微脉冲、多波束的激光点云观测。美国2018年发射的 ICESat-2 搭载的激光雷达采用单光子探测体制，其重复频率达到 10 kHz，激光足印光斑间距仅为 0.7 m。但是单光子探测器存在一定的死区时间，即当器件探测到信号后在死区时间内将不再对光电子进行响应；而且不同于传统激光雷达使用的线性探测器，单光子探测器不能探测到信号的大小，只能探测到信号的有无，因此光子计数激光测高仪记录的不再是与时间相关的回波波形，而是探测到单光子事件的时间标签，其通过记录探测到的每一个单光子事件的时刻，结合激光脉冲的发射时刻，由时间飞行测距法可以得到每一个单光子事件与系统的相对距离；再结合卫星平台的姿态和位置等信息，可以获取每一个单光子事件的三维（经度、纬度、高程）坐标信息，图 3.21 所示为 ICESat-2 光子计数激光雷达点云数据。

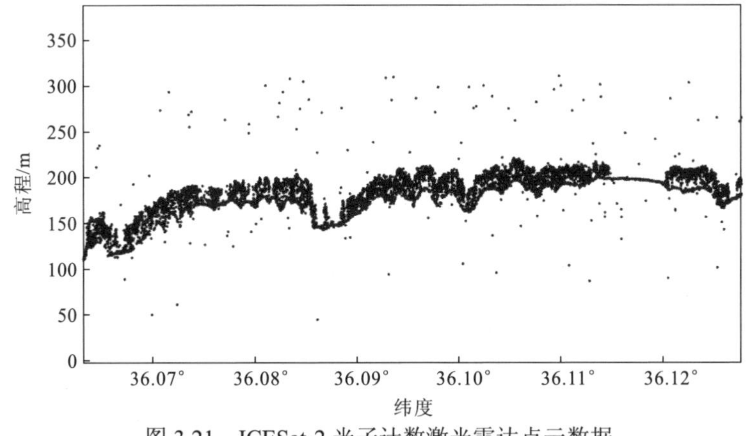

图 3.21　ICESat-2 光子计数激光雷达点云数据

单光子探测器不能探测到信号的大小，无法从单次测量的数据中分辨出目标点和噪声点，但是得益于探测目标的连续性和光子计数激光测高仪的高测量频率，相邻的目标点之间具有一定的相关性，因而一般先通过多次探测获取相应的点云图。光子计数激光测高仪通常采用推扫式的扫描方式，其数据沿飞行轨迹呈现窄带分布，属于高程剖面点云，一般采用二维点云图对其进行描述，如图 3.21 所示。

对光子计数激光点云进行数据处理，首先对点云进行粗去噪，粗略剔除点云数据中的噪声点，确定目标点的大概区域范围。对于光子计数激光测高仪，虽然已采用距离选通技术来减少数据量，但在对地观测中，由于地形高程的不确定性，所需距离窗的范围依然较大。以 2018 年发射的 ICESat-2 为例，其搭载的光子计数激光测高仪的距离窗口约为 6 km。由于噪声点随机分布在整个距离窗口内，噪声点分布区域十分广泛，达到几千米。而一定时间内目标点的分布区域一般只有几米，甚至几十米。若能够初步确定目标点的位置，对点云数据进行粗去噪，则可以减少数据量和提高后续算法的效率。下面介绍几种光子计数激光点云的去噪处理方法。

1. 基于栅格的点云数据去噪方法

基于栅格的点云数据去噪方法是一种基于概率探测理论的数据处理方法，通过分析有限格网范围内点云密度来区分信号与噪声。由单光子探测器的探测理论可知，其探测概率可以用泊松分布近似描述，基于栅格的点云数据去噪方法本质上又是一种泊松滤波方法。该方法首先将二维剖面点云栅格化，然后统计每个栅格单元包含的离散点数量，由于目标点的分布集中，噪声点的分布相对稀疏，最后采用阈值判断的方法即可提取目标点。图 3.22 为基于栅格的点云数据去噪方法的原理图。

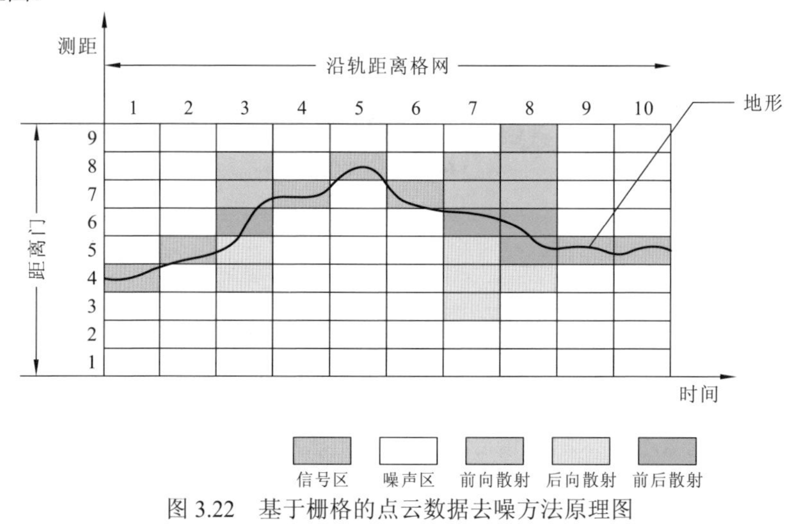

图 3.22　基于栅格的点云数据去噪方法原理图

基于栅格的点云数据去噪方法流程：在垂直方向将二维剖面点云图按照距离（高程）划分为一个个距离（高程）片，同时在水平方向将一段时间内的多次测量结果划分为一帧，单位距离片和单位帧的点云数据构成一个单元。通过统计得到每个单元内的离散点数量 K，将 K 与设定的阈值 K_{opt} 作比较，若单元内的离散点数量 K 大于 K_{opt}，则该单元可以被看作目标单元，反之若单元内的离散点数量小于 K_{opt}，则该单元就被看作噪声单元。

当目标起伏比较厉害或坡度较陡峭时，一帧中的目标点可能落到两个或更多的栅格单元中，结果导致这些单元虽然包含目标点但没有达到阈值，从而被误判为噪声单元。针对这一问题，有学者发展了一种与距离相关的方法来优化被误判为噪声的目标单元（王玥 等，2020；谢锋 等，2017；Zhang et al.，2015）。该方法的具体过程：在 M 个连续帧组成的超级帧中，如果有 N 个帧的单元被识别为目标单元，那么这些目标单元可以以扩散的方式向不包含目标单元的相邻帧转移。

其中在垂直方向扩散的范围一般为上下一个距离格，即相邻帧的三个单元，在水平方向可以向前或向后扩散。如果原来被判别为噪声单元既是目标单元向前也是向后扩散的单元，则该单元重新被判定为目标单元。该方法依据目标表面的连续性，可以实现对漏处理的目标单元进行补全。

2. 基于局部密度统计的点云去噪算法

基于局部密度统计的点云去噪算法主要包括以下几个步骤。

（1）计算点云中每个点到周围最邻近的 K 个点的欧氏距离和：

$$D_i = \sum_{j=1}^{i=1} \sqrt{(x_i - y_j)^2 + (h_i - h_j)^2} \tag{3.9}$$

（2）绘制累计加权距离频数分布直方图。

（3）设置阈值剔除噪声点，阈值的选择通过频数分布直方图来确定。

根据噪声点和非噪声点在空间分布上的密度差异，将传统局部密度统计的点云去噪算法进行优化，具体算法主要包括以下几个步骤。

（1）计算点云中每个点到周围最邻近的 K 个点的欧氏距离：

$$\text{dist}_i = \sqrt{(x_i - y_j)^2 + (h_i - h_j)^2} \tag{3.10}$$

（2）给距离赋加权值，权值函数为

$$\text{weight(dist)} = 1 - \exp\left(\frac{-\text{dist}_i^2}{\sigma^2}\right) \tag{3.11}$$

$$\sigma^2 = \frac{\sum_{j=1}^{i=1} (x_i - y_j)^2 + (h_i - h_j)^2}{K} \tag{3.12}$$

式中：x_i、y_j 和 h_i、h_j 分别为任意两点的几何坐标；σ 为 K 个点的距离均值，两点间距离越大权值越大，距离越小权值越小。

（3）计算点云中每个点到周围最邻近的 K 个点距离赋权值后的总距离

$$D_i = \sum_{j=1}^{i=1} \sqrt{(x_i - y_j)^2 + (h_i - h_j)^2} \cdot \text{weight(dist)} \tag{3.13}$$

（4）绘制累计加权距离频数分布直方图。

（5）设置阈值剔除噪声点。由于噪声点和非噪声点的密度不同，在频数分布直方图中会呈现两个波峰，从而确定阈值。

3. 基于遗传算法的局部加权统计算法

针对局部统计方法中最邻近点数 K 和阈值 T 两个参数难以确定的问题，本小节提出一种基于遗传算法的局部加权统计算法。对于不同的数据，利用遗传算法来提取局部加权统计算法需要的两个参数（K 值和阈值 T），使去噪效果达到最优。首先确定初始参数种群数量 N、迭代次数 M、交叉概率 P_c 和变异概率 P_m，再对激光点云的噪声和信号进行标记处理，然后在处理每一组ICESat-2数据时将每组点云前 50 m 的光子事件作为训练集，剩下的作为测试集。然后，利用遗传算法来优化 K 值和阈值 T，设计适应度函数：

$$R=\frac{\mathrm{TP}}{\mathrm{TP}+\mathrm{FN}} \tag{3.14}$$

$$P=\frac{\mathrm{TP}}{\mathrm{TP}+\mathrm{FP}} \tag{3.15}$$

$$F=\frac{2R\times P}{R+P} \tag{3.16}$$

式中：TP 为正确分类的光子数量；FN 为误分类的信号光子数量；FP 为误分类的噪声光子数量；R 为调和平均数；P 为准确率；F 为适应度函数。

当适应度函数最大时达到最优，输出该组数据的 K 值和阈值 T。最后使用局部加权统计算法提取有效光子的结果，算法具体流程如图 3.23 所示。

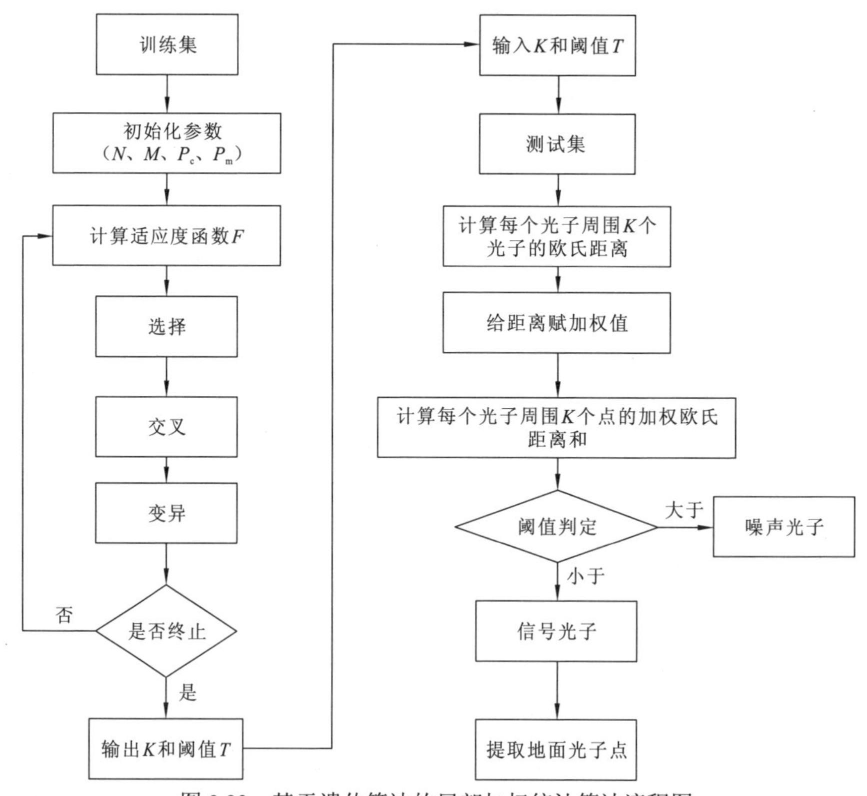

图 3.23　基于遗传算法的局部加权统计算法流程图

3.3　激光测高数据几何定位

3.3.1　激光足印定位模型

在获取有效的激光测距信息后，根据星载激光测高基本原理构建星载激光测高的严密几何模型（唐新明，2016；Schutz，2002），已知图 3.24 中地球惯性坐标系 $O\text{-}XYZ$，定义卫星本体坐标系 $s\text{-}xyz$：坐标系原点为卫星发射激光束瞬时的质心位置，x 轴位于星箭分离面并指向卫星飞行方向，z 轴垂直于星箭分离面且沿卫星纵轴方向指向地面方向，y 轴指向则遵从右手定则，点 s 在惯性坐标系下的坐标为(X_s, Y_s, Z_s)、速度为(U_s, V_s, W_s)。激光照射到地表的光斑 Spot 坐标为$(X_{\mathrm{Spot}}, Y_{\mathrm{Spot}}, Z_{\mathrm{Spot}})$。

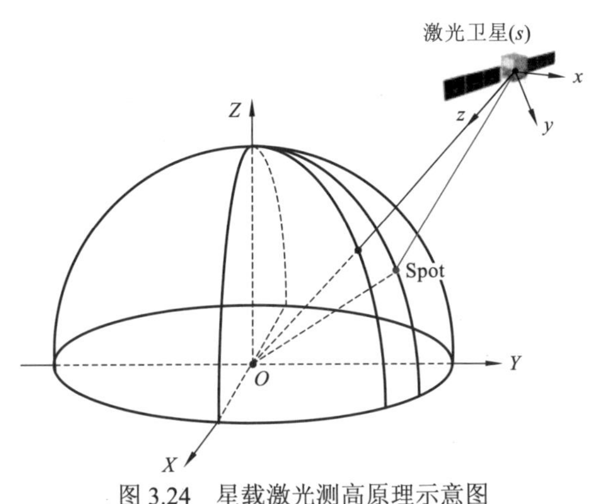

图 3.24　星载激光测高原理示意图

星载激光测高的严密几何模型为

$$\begin{bmatrix} X \\ Y \\ Z \end{bmatrix} = \begin{bmatrix} X_{\mathrm{S}} \\ Y_{\mathrm{S}} \\ Z_{\mathrm{S}} \end{bmatrix} + c \cdot \left(\frac{t_{\mathrm{tran}}}{2} + t_{\mathrm{trop}} + \Delta t \right) \cdot \boldsymbol{R}_{\mathrm{J2000}}^{\mathrm{WGS84}} \cdot \boldsymbol{R}_{\mathrm{body}}^{\mathrm{J2000}} \cdot \boldsymbol{R}_{\mathrm{laser}}^{\mathrm{body}} \cdot \begin{bmatrix} 0 \\ 0 \\ 1 \end{bmatrix} \tag{3.17}$$

式中：$[X \quad Y \quad Z]^{\mathrm{T}}$ 为激光足印点在 WGS84 坐标系下的三维矢量坐标；$[X_{\mathrm{S}} \quad Y_{\mathrm{S}} \quad Z_{\mathrm{S}}]^{\mathrm{T}}$ 为激光器发射脉冲时刻卫星 GPS 测量的位置坐标；c 为真空中激光传播的速度；t_{trop} 为激光信号经过地球大气时发生测距延迟的补偿值；Δt 为实验室测量的激光测距时延补偿量；$\boldsymbol{R}_{\mathrm{J2000}}^{\mathrm{WGS84}}$ 为 J2000 坐标系相对 WGS84 坐标系的转换矩阵；$\boldsymbol{R}_{\mathrm{body}}^{\mathrm{J2000}}$ 为由定姿设备（星敏或陀螺）测量处理得到的本体坐标系与 J2000

坐标系转换矩阵；$\boldsymbol{R}_{\text{laser}}^{\text{body}}$ 为激光器在卫星平台本体坐标系下的安装矩阵。

星载激光测高的严密几何模型主要包含激光测距解算、在轨几何定标、测距大气延迟改正和测高基准面改正等：①选取合适的激光标定场地，获取激光脚点几何定位坐标，根据标定场地的空间分布约束条件或影像辅助数据，实现激光测高仪的标定；②以激光测高仪实际测量条件下的器件水平和环境参数为输入，基于激光测距改正模型，解算大气延迟和系统延迟数据，用于修正激光测距原始值；③根据潮汐改正算法和大地水准面改正算法，对激光脚点几何定位坐标进行修正。

3.3.2　激光几何定标模型

1. 定标模型概述

星载激光测高数据的系统误差项包括：卫星姿轨的测量误差、激光器的安装误差、激光光束的出射时间误差及激光测距时延误差等。卫星姿态和轨道的测量误差引起的定位偏差具有很高的相关性，如图3.25所示，这两项误差均可以通过偏置矩阵和测距定标参数进行补偿，单纯通过地面定标系统难以区分两者引起的误差量；激光光束的出射时间误差则会导致其测距时刻对应的姿态和轨道测量值出现偏差；激光器的安装误差会引起激光器的位置变化和激光光束出射方向的偏移，导致激光足印点水平定位和高程测量的误差；而激光测距时延误差则仅对激光测距产生系统误差。综上可知，采用激光测高的定标模型中的偏置矩阵和测距误差补偿，均可以等效解决以上误差源引起的激光测高数据中的系统性误差。

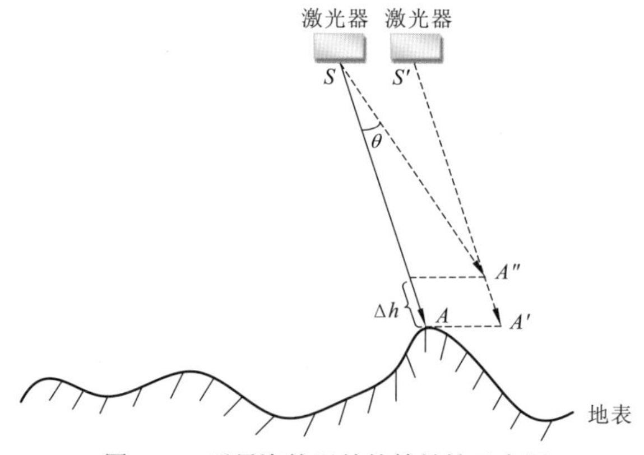

图 3.25　卫星姿轨误差的等效性示意图

激光测高仪几何定标的基本原理如图 3.26 所示，SA 为激光测距的实际指向及距离，卫星测姿误差和载荷安装误差导致的激光解算路径变为 SA'，这就造成激光指向存在俯仰角误差 φ 和滚动角误差 ω，同时会引起激光测距方向的模型误差 Δh，使得激光测高定位模型解算得到的足印点高程存在误差。

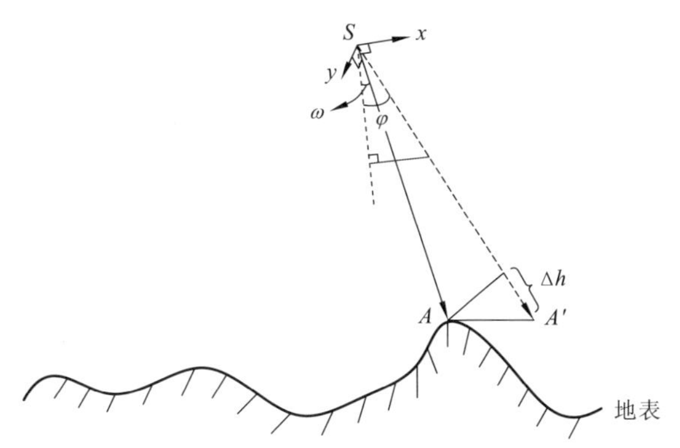

图 3.26　激光测高系统几何定标原理图

利用星载激光严密几何模型构建激光测高的几何定标模型：

$$\begin{bmatrix} X \\ Y \\ Z \end{bmatrix} = \begin{bmatrix} X_{\mathrm{S}} \\ Y_{\mathrm{S}} \\ Z_{\mathrm{S}} \end{bmatrix} + c\cdot(T+t)\cdot \boldsymbol{R}\cdot \boldsymbol{R}(\varphi,\omega)\begin{bmatrix} 0 \\ 0 \\ 1 \end{bmatrix} \tag{3.18}$$

式中：$T=\frac{t_{\mathrm{tran}}}{2}+t_{\mathrm{trop}}+\Delta t$；$\boldsymbol{R}=\boldsymbol{R}_{\mathrm{J2000}}^{\mathrm{WGS84}}\boldsymbol{R}_{\mathrm{body}}^{\mathrm{J2000}}\boldsymbol{R}_{\mathrm{laser}}^{\mathrm{body}}$；$t$ 为激光测距时间的误差补偿量；$\boldsymbol{R}(\varphi,\omega)$为与激光束出射角度$(\varphi,\omega)$相关的偏置矩阵。

已知 c 为激光在真空中的传播速度，设

$$\boldsymbol{R}(\varphi,\omega)=\begin{bmatrix} a_1 & a_2 & a_3 \\ b_1 & b_2 & b_3 \\ c_1 & c_2 & c_3 \end{bmatrix},\quad \boldsymbol{R}^{\mathrm{T}}\begin{bmatrix} X-X_{\mathrm{S}} \\ Y-Y_{\mathrm{S}} \\ Z-Z_{\mathrm{S}} \end{bmatrix}=\begin{bmatrix} \overline{X} \\ \overline{Y} \\ \overline{Z} \end{bmatrix}$$

激光几何定标模型转化为

$$\begin{cases} c\cdot(T+t)\cdot a_3=\overline{X} \\ c\cdot(T+t)\cdot b_3=\overline{Y} \\ c\cdot(T+t)\cdot c_3=\overline{Z} \end{cases} \tag{3.19}$$

激光几何定标模型中的误差补偿参数包括 t 、ω 、φ ，分别对式（3.19）中三个参数求取偏导数，便可以得到基于地面控制点的星载激光测高几何补偿结果：

$$
\begin{cases}
V_{\overline{X}} = c \cdot a_3 \cdot \mathrm{d}t + \dfrac{\partial \boldsymbol{R}(\varphi,\omega)}{\partial \varphi}\mathrm{d}\varphi + \dfrac{\partial \boldsymbol{R}(\varphi,\omega)}{\partial \omega}\mathrm{d}\omega - [\overline{X} - c(T+t)\cdot a_3] \\
V_{\overline{Y}} = c \cdot b_3 \cdot \mathrm{d}t + \dfrac{\partial \boldsymbol{R}(\varphi,\omega)}{\partial \varphi}\mathrm{d}\varphi + \dfrac{\partial \boldsymbol{R}(\varphi,\omega)}{\partial \omega}\mathrm{d}\omega - [\overline{Y} - c(T+t)\cdot b_3] \\
V_{\overline{Z}} = c \cdot c_3 \cdot \mathrm{d}t + \dfrac{\partial \boldsymbol{R}(\varphi,\omega)}{\partial \varphi}\mathrm{d}\varphi + \dfrac{\partial \boldsymbol{R}(\varphi,\omega)}{\partial \omega}\mathrm{d}\omega - [\overline{Z} - c(T+t)\cdot c_3]
\end{cases} \tag{3.20}
$$

2. 基于地形约束的激光指向定标方法

通常情况下，为了保证激光测量回波数据的信噪比，激光光束出射方向与地面几乎保持垂直，这样就使激光足印点的水平误差和高程误差相关性降到最低，因此本小节采用已知地形区域内的激光测量数据进行激光出射方向定标，以提升激光测高仪的几何定位精度。

获取地面控制数据是星载激光测高系统在轨几何定标的核心与关键，传统获取控制点的方法是通过布设地面激光探测器，用于接收卫星发射的激光信号，以确定激光光束照射的准确位置。卫星正常入轨以后，在不确定激光初始指向偏差的情况下，直接布设大量激光探测器进行激光测高仪的场地定标可能收效甚微。通常情况下，为保证激光回波数据的信噪比，激光光束入射方向与地表近似垂直，这样就使激光足印点的水平误差与高程误差相关性较低，为了确定激光定标场的布设位置，首先对激光的出射方向进行初定标。利用激光初始测高数据对激光测高仪的光束出射方向定标方法进行研究，利用较大区域范围内的地形数据约束序列激光足印点的位置坐标，以此获取激光点的地面控制数据，激光出射方向定标具体流程如图 3.27 所示。

将经过大气延迟改正和潮汐改正后的激光初始测高数据作为输入，提取定标区域内激光测量的离散点高程数据，并结合相应区域的高精度地形数据，如裸露地表的DEM数据、前后视影像及已知高精度DSM数据等，采用地形匹配的方法获取激光的控制数据来实现激光光束出射方向的定标。

由于星载激光器发射测距信号的频率较低，地面足印点之间距离间隔较大，在不确定激光初始指向的情况下，直接布设大量激光靶标进行激光器定标可能收效甚微。在激光器不侧摆的情况下，利用激光定位模型解算的激光足印点和卫星轨道处于同一平面内，如图 3.28（a）中黑色虚线表示利用定位模型解算得到的激光足印轨迹。再利用激光足印点的初始测高值与相应区域的地形数据做匹配处理，以获得激光足印点在地面的位置坐标，如图 3.28（b）和（c）所示。地形匹配方法的基本原理：已知有效序列激光足印点的初始三维坐标(X, Y, H_{L})，而激光足印点平面位置对应的坐标为（X, Y, H_{S}），通过遍历（$X\pm\Delta x, Y\pm\Delta y$）

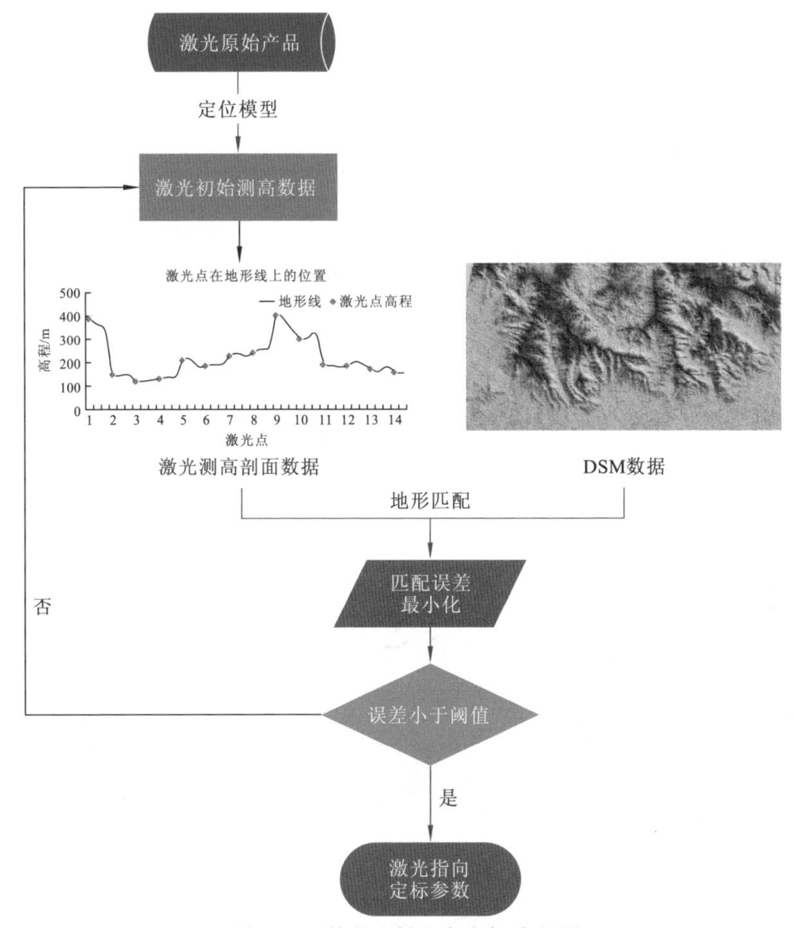

图 3.27　激光出射方向定标流程图

区域范围内的地形起伏，判定 H_L 和 H_S 的匹配程度以获取激光足印点最可能的地面坐标位置。

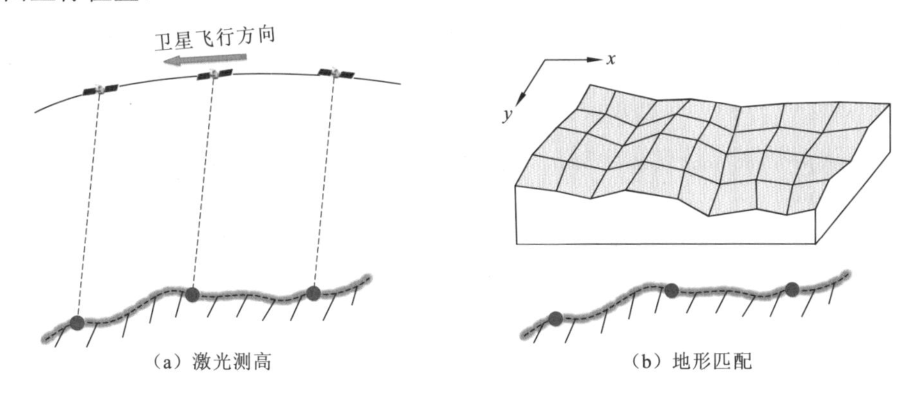

（a）激光测高　（b）地形匹配

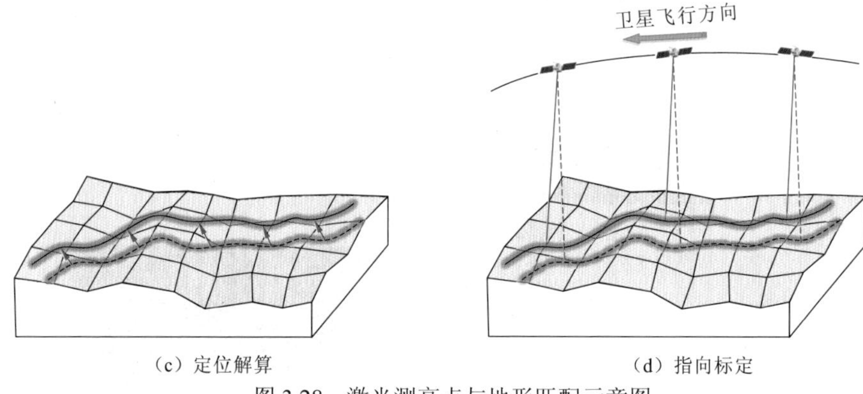

（c）定位解算　　（d）指向标定

图 3.28　激光测高点与地形匹配示意图

现阶段比较常用的地形匹配方法准则有两种：一种是高程差的均方差最小准则；另一种是相关系数最大准则。

（1）高程差的均方差最小准则定义为

$$\sigma(S,L)=\sqrt{\frac{1}{n}\sum_{i=1}^{n}(x_i-y_i)^2} \tag{3.21}$$

式中：σ为激光序列点与 DEM 数据的高程差均方差；(S, L)为遍历区域内对应 DEM 数据的像素坐标；n 为激光序列点个数；x_i 与 y_i 分别为激光测高值与其对应 DEM 的高程值。在遍历区域范围内，均方差最小值对应 DEM 数据的像素坐标被认为最接近激光点真实位置。

（2）相关系数最大准则定义为

$$r(B,L)=\frac{\sum_{i=1}^{n}(x_i-\overline{x})(y_i-\overline{y})}{\sqrt{\sum_{i=1}^{n}(x_i-\overline{x})^2\cdot\sum_{i=1}^{n}(y_i-\overline{y})^2}} \tag{3.22}$$

式中：r 为激光序列点与 DEM 数据的匹配相关系数；(B, L)为遍历区域内对应 DEM 数据的地理坐标；n 为激光序列点个数；x_i 与 y_i 分别为激光测高值与其对应 DEM 的高程值。在遍历区域范围内，相关系数最大值对应 DEM 数据的地理坐标即认为是激光点真实坐标。图 3.28（c）中黑色实线即为经定标的激光点足印轨迹。

在初步确定激光点的地理位置后，以此作为激光测量结果的控制数据，并结合对应时刻的轨道数据便可以计算激光束出射指向，图 3.28（d）中红色实线为经过定标后激光束出射方向。

3. 基于波形匹配的激光几何定标方法

基于波形匹配的激光几何定标方法是一种非实时、不依赖固定场地的激光数据后处理定标方法。ICESat 利用大坡度地势下的激光回波数据对激光测距和指向进行定标，基本思路：首先构建激光回波波形的仿真模型，并结合卫星激光器拍摄区域的高精度地形数据，重现激光测高仪的工作流程，然后通过比对仿真激光数据和真实回波数据在大坡度地势下的波形展宽情况，来标定卫星激光器的测量状态信息。以上整个定标流程对激光回波仿真模型的可靠性要求较高，激光测量区域坡度较大且地表裸露，对定标区域的地表地物和地形地貌要求比较苛刻。针对以上问题，本小节提出基于回波特征参数的激光波形匹配方法，用于对激光进行高精度几何定标，该方法选用多层地表区域的星载激光回波数据，利用高精度 DSM 数据仿真激光回波信号，对激光器的指向和激光测距值进行定标。

激光真实波形和仿真波形的匹配方法以局部特征的识别为前提，进而完成对整个信号区域波形形状的识别和分类。激光波形匹配的流程如图 3.29 所示。

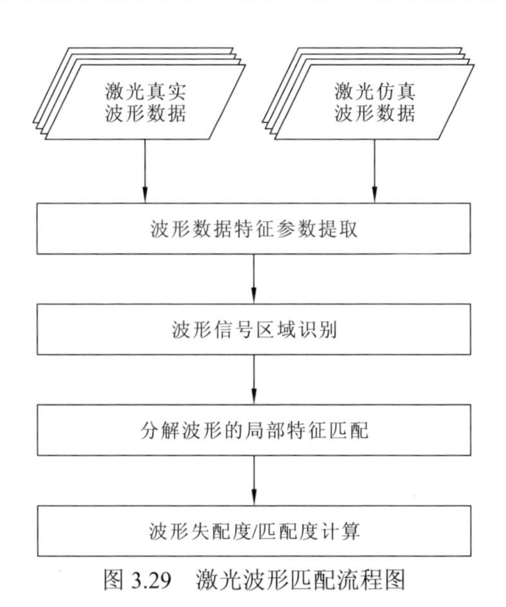

图 3.29　激光波形匹配流程图

已知激光的真实测量回波波形和仿真波形，如图3.30所示，首先要寻找两个波形最佳匹配的信号起始点和终止点，这就依赖于前文中激光波形特征参数的提取工作。

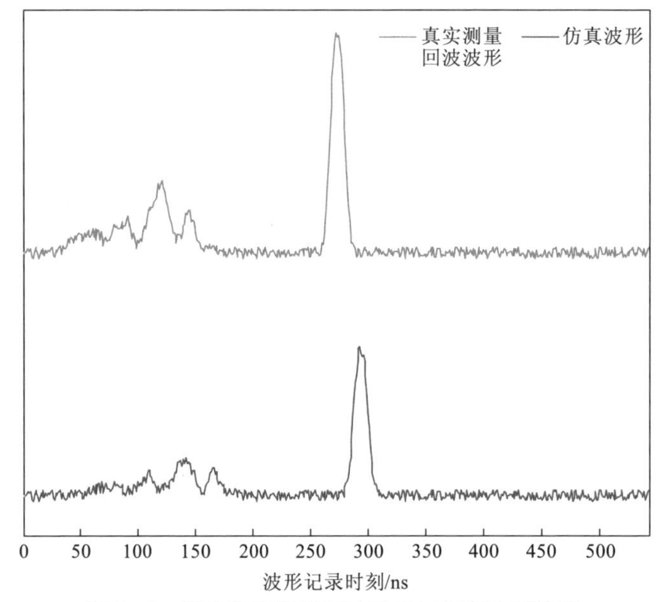

图 3.30　激光真实测量回波波形与仿真波形数据

在波形特征参数提取完成以后，需要对分解的波形数据进行局部序列的匹配识别，这就需要借助波形高度指数来对整个回波波形进行分割和描述，对每一个分解的波形曲线的描述则采用多个特征参数，包括与波形高度、峰度及能量相关的指数等。

完成激光测量波形和仿真波形的波形分解和参数提取以后，以真实测量回波波形作为参考模板。假设参考模板 $T=t_1,t_2,\cdots,t_N$ 包含 N 个分解波形，而仿真波形为 $S=s_1,s_2,\cdots,s_M$ 包含 M 个分解波形。在进行匹配过程中，将信号的起始和终止时刻作为匹配约束点，根据波形采样时间进行匹配。对参考模板第 i 个分解波形信号提取 k 个特征参数 $r_1^i,r_2^i,\cdots,r_k^i$，而仿真波形中与之时刻对应的分解波形信号 k 个特征参数为 $s_1^j,s_2^j,\cdots,s_k^j$，则两个分解波形的失配度可表示为

$$D_T(i)=\sum_{n=1}^{k}|r_n^i-s_n^j| \tag{3.23}$$

激光真实测量波形与仿真波形的失配度为

$$D(T,S)=\sum_{i=1}^{M}D_T(i) \tag{3.24}$$

4. 基于地面探测器的激光定标方法

目前布设近红外探测器获取星载激光控制数据的方法比较灵活便捷，可以获

取包括激光光束发散角、激光测距误差、激光指向系统误差、光斑强度分布等数据，并对测量误差进行分析修正，以提高激光测高数据的精度。预测激光光斑周围密集布设探测器的方案，虽然可以获取精确的卫星激光测高位置与光斑能量分布，但是必然会造成数据的冗余和浪费，精度并不一定提高很多。

地面探测器的布设方案需要通过仿真论证试验获取最佳方案，确保地面探测器的使用效率和性能最大化。首先模拟一组标准二维高斯分布的激光光斑，并添加 10%随机误差，假设激光可被探测到能量的区域范围直径为 25 m，根据激光探测器布设的间隔不同，提取的激光光斑中心与模拟光斑的中心偏差如表 3.2 所示。

表 3.2 激光光斑中心提取误差结果

激光探测器间隔/m	光斑中心提取中误差/m	
	x 方向	*y* 方向
1	0.086 104 616	0.087 073 848
2	0.238 533 986	0.239 572 439
3	0.418 766 282	0.429 047 029
4	0.678 376 189	0.668 210 716
5	1.021 422 694	0.996 906 146
6	1.260 327 126	1.285 641 683
7	1.853 643 544	1.850 822 116
8	2.065 361 734	2.091 168 830
9	2.039 982 458	2.047 137 472
10	2.989 766 597	2.987 786 793

预测激光光斑周围密集布设激光探测器，可以更加精确地提取卫星激光光斑的中心位置，随着探测器数量的减少，激光光斑的中心提取精度呈非线性降低，而且降低速度很快，因此激光探测器的数量和格网密度需要综合考虑设备成本和定标的精度需求。根据以上统计结果可以得出初步结论，在保证定标精度的前提下，激光探测器间隔不应小于激光光斑可探测区域直径的 1/5。统计激光探测器间隔为 1/3 光斑直径时，模拟 10 000 组激光光斑进行光斑中心提取试验，结果如图 3.31 所示。

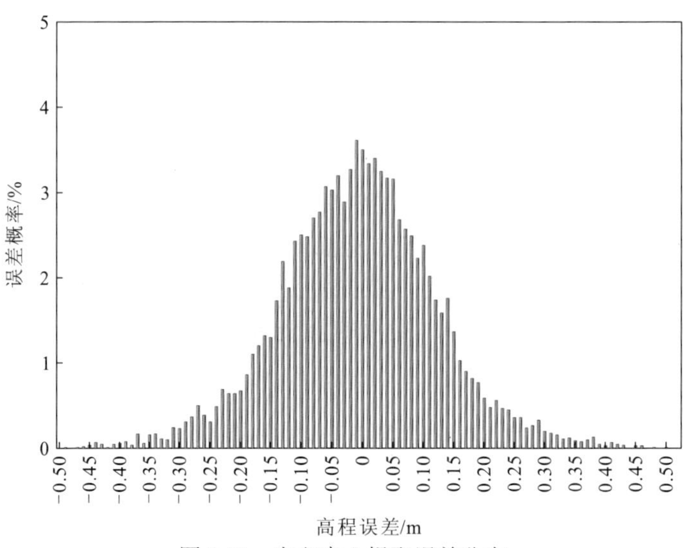

图 3.31　光斑中心提取误差分布

通过以上试验分析，提出两种激光探测器的布设方案设想：格网状布设和放射状布设，如图 3.32 所示。格网状布设方案是在定标场内按照图 3.32（a）中红色圆点的排列方式布设，相邻的平行列或行之间的间隔为格网宽度，相邻探测器之间的距离为定标器宽度，可以同时调整格网宽度和定标器宽度来实现不同模式的格网状布设。放射状布设方案则是在预测激光足印光斑中心位置开始布设，按照图 3.32（b）中红色圆点的排列方式呈“米”字形放射状。

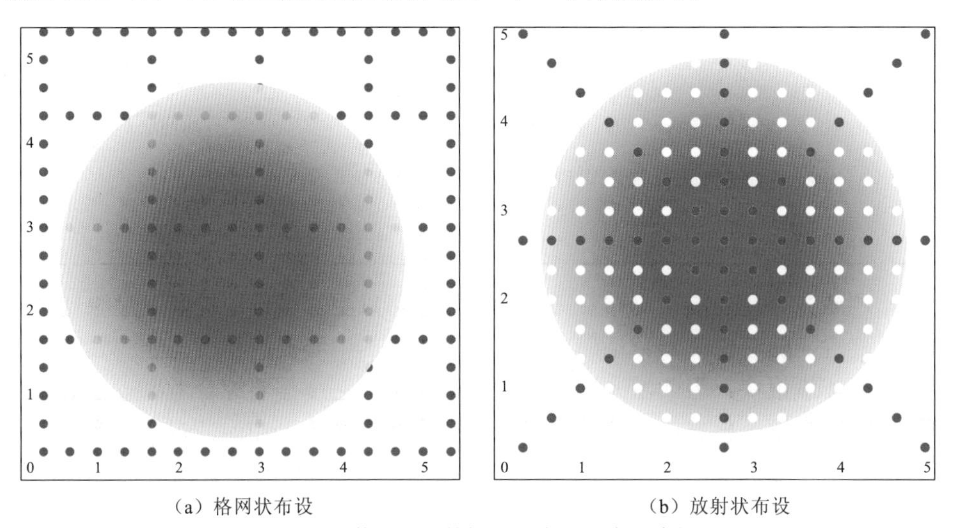

（a）格网状布设　　（b）放射状布设

图 3.32　激光近红外探测器布设方案示意图

两种方案的光斑中心提取精度各有优劣，放射状布设方案可以更加有效地利用光斑中心区域的探测器数据，但是随着预测激光光斑位置的偏差增大，这种布设方案的优势逐渐消失殆尽。卫星轨道预测精度和激光出射指向的定标精度对放射状布设探测器的精度影响较大，而格网状布设激光探测器在保障光斑提取精度的前提下，可以提高定标设备的利用效能，极大地节约定标设备的成本。

3.4　激光雷达与足印相机联合定位

3.4.1　激光雷达与足印相机定位模型

激光雷达测量与足印相机成像的几何关系如图 3.33 所示。

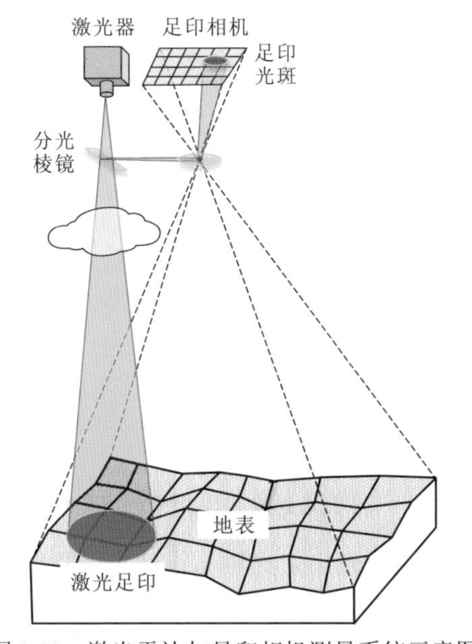

图 3.33　激光雷达与足印相机测量系统示意图

GF-7 激光雷达发射的脉冲信号经过分光棱镜，一部分信号发射后进入足印相机成像焦面，在足印相机上成像得到的光斑称为“足印光斑”；另一部分信号则穿透大气、云雾、气溶胶等到达地面，照射到地表的光斑称为“激光足印”。

根据激光雷达和足印相机的工作原理，构建激光雷达和足印相机的坐标系统，如图 3.34 所示。已知卫星本体坐标系为 $O\text{-}XYZ$，坐标系原点 O 位于卫星质心，其中 X 轴和 Z 轴位于基准参照面内，X 轴指向卫星飞行方向，Z 轴垂直于 X 轴指向地面方向，Y 轴由右手定则确定。本体坐标系主要用于描述卫星上各传感器相对于卫星质心的位置和方位。激光雷达坐标系 O_{Las}-$X_{Las}Y_{Las}Z_{Las}$ 定义：坐标系原点 O_{Las} 为激光脉冲信号出射点，X_{Las} 轴、Y_{Las} 轴、Z_{Las} 轴的指向分别与本体坐标系 X 轴、Y 轴、Z 轴平行，激光雷达的光轴中心指向为(φ_L, ω_L)。足印相机的焦面为平面直角坐标系，用于描述相机探元在焦平面中的排列位置，其中 x 轴指向卫星飞行方向。足印相机坐标系 O_F-$X_FY_FZ_F$ 定义：坐标系原点 O_F 位于光学镜头中心，即相机投影中心位置；Z_F 轴为相机的主光轴方向，垂直于焦平面指向地面方向；X_F 轴与焦平面 x 轴平行；Y_F 轴则平行于焦平面 y 轴；足印相机相对本体坐标系的安装角度为$(\varphi_F, \omega_F, \kappa_F)$。

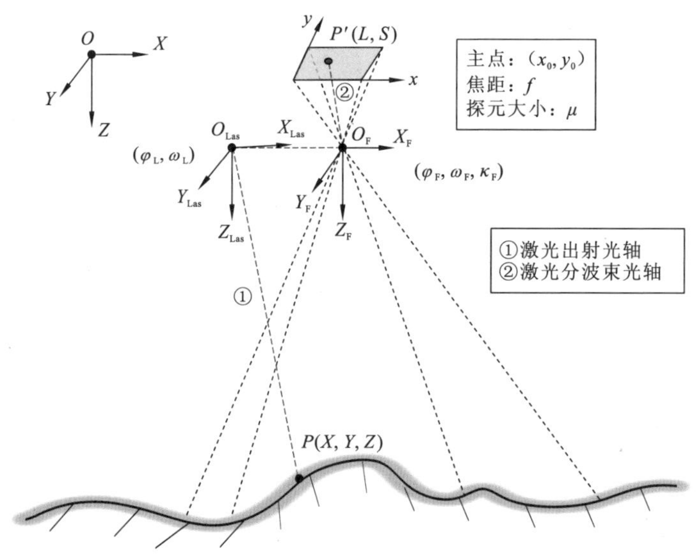

图 3.34　激光雷达与足印相机测量坐标系统

激光在轨定标可以确定激光出射光轴与设计光轴指向的标校参数，足印相机的光斑影像主要用于构建激光设计光轴与激光分波束光轴之间的几何关系。激光雷达与足印相机测量过程中，各误差项及误差传递如图 3.35 所示。

根据激光测量链路的误差传递项可知，测量误差主要涉及激光在轨定标误差、足印相机安装测量误差及光斑中心提取误差等，由此构建基于足印相机的激光几何定位模型：

$$P(X,Y,Z) = (O_{\mathrm{Las}})_{\mathrm{WGS84}} + L \cdot \boldsymbol{R}(t) \cdot \boldsymbol{R}(\mathrm{Las}) \cdot \boldsymbol{R}(F) \cdot \boldsymbol{U}(L,S) \tag{3.25}$$

式中：$P(X,Y,Z)$ 为激光足印中心在地面的坐标；$(O_{\mathrm{Las}})_{\mathrm{WGS84}}$ 为激光出射点在 WGS84 坐标系下的位置坐标；L 为激光测距值；$\boldsymbol{R}(t)$ 为本体坐标系与卫星姿态

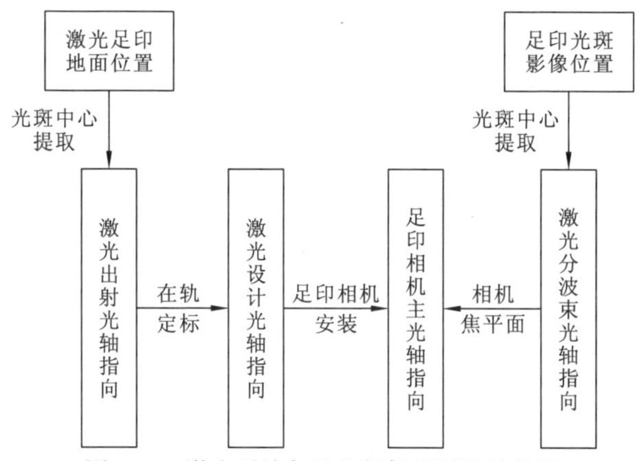

图 3.35　激光雷达与足印相机测量误差传递

测量坐标系之间的转换矩阵；$\boldsymbol{R}(\mathrm{Las})$ 为激光雷达出射光轴几何定标的偏振矩阵；$\boldsymbol{R}(F)$ 为激光足印相机在卫星平台下的安装矩阵；$\boldsymbol{U}(L,S)$ 为激光分波束光轴在足印相机坐标系下的指向。

3.4.2　激光光轴指向确定

激光在轨几何定标过程中，获取激光足印照射到地面的能量分布，通常利用高斯拟合方法求解光斑能量的中心，进一步可以解算得到激光出射光轴的指向。激光分波束光轴指向通过足印相机的光斑解算得到。传统光斑中心提取方法有：高斯曲面拟合算法、椭圆拟合算法、灰度质心法等（杨雄丹 等，2020；许泽帅 等，2013）。足印相机同步工作模式的信杂比较低，为了提升足印光斑中心提取精度，提出利用灰度重心加权的高斯拟合法求解足印光斑的中心位置。假设足印光斑影像的尺寸为 $M\times N$ 像素，每个像素的灰度值为 $I_0(i,j)$，首先利用传统灰度重心法求解足印光斑的初始中心位置(L_0, S_0)：

$$
\begin{cases}
L_0 = \dfrac{\sum\limits_{i=1}^{M}\sum\limits_{j=1}^{N} i\cdot I_0(i,j)}{\sum\limits_{i=1}^{M}\sum\limits_{j=1}^{N} I_0(i,j)} \\[2ex]
S_0 = \dfrac{\sum\limits_{i=1}^{M}\sum\limits_{j=1}^{N} j\cdot I_0(i,j)}{\sum\limits_{i=1}^{M}\sum\limits_{j=1}^{N} I_0(i,j)}
\end{cases}
\tag{3.26}
$$

再利用高斯函数进行距离加权重新计算光斑影像的强度值，以像素灰度值 $I_0(i,j)$ 到初始中心位置 (L_0, S_0) 的欧氏距离 d 作为权重值，得到新的光斑影像的强度值 $I(i,j)$：

$$\begin{cases} G(d)=\mathrm{e}^{-\left(\frac{d}{\sigma}\right)^2} \\ I(i,j)=G(d)\cdot I_0(i,j) \end{cases} \tag{3.27}$$

然后对新的足印光斑影像进行高斯拟合，便得到光斑的中心位置 (L, S)：

$$I(i,j)=A\cdot\exp\left[-\frac{(i-L)^2}{2\sigma_1^2}-\frac{(j-S)^2}{2\sigma_2^2}\right] \tag{3.28}$$

式中：A 为足印光斑的幅度值；σ_1 和 σ_2 分别为光斑在行、列上的标准差。

最后结合足印相机参数求解激光分波束光轴的指向：

$$\begin{cases} \boldsymbol{U}(L)=\arctan\left(L\cdot\frac{\mu}{f}\right) \\ \boldsymbol{U}(S)=\arctan\left(S\cdot\frac{\mu}{f}\right) \end{cases} \tag{3.29}$$

式中：μ 为足印相机焦平面的探元大小；f 为足印相机成像的焦距。

3.4.3　定标与误差补偿

在激光几何定标模型中通常采用偏置矩阵和测距偏差进行误差补偿，因此建立基于在轨定标参数的激光光斑中心的定位模型：

$$P(X,Y,Z)=(O_{\text{Las}})_{\text{WGS84}}+(L+\mathrm{d}L)\cdot\boldsymbol{R}(\mathrm{d}\varphi,\mathrm{d}\omega,0)\cdot\boldsymbol{R}(t)\begin{bmatrix}\cos\varphi_{\text{L}} & \sin\omega_{\text{L}} \\ \cos\varphi_{\text{L}} & \cos\omega_{\text{L}} \\ \multicolumn{2}{c}{\sin\varphi_{\text{L}}}\end{bmatrix} \tag{3.30}$$

式中：$\mathrm{d}L$ 为激光在轨定标的距离定标参数；$\mathrm{d}\varphi$、$\mathrm{d}\omega$ 分别为激光在轨定标的指向定标参数；$\begin{bmatrix}\cos\varphi_{\text{L}} & \sin\omega_{\text{L}} \\ \cos\varphi_{\text{L}} & \cos\omega_{\text{L}} \\ \multicolumn{2}{c}{\sin\varphi_{\text{L}}}\end{bmatrix}$ 为激光设计光轴在激光雷达坐标系下的指向参数。

在获取激光足印在地面的地理坐标 $P(X,Y,Z)$ 后，求解定标参数 $\mathrm{d}L$、$\mathrm{d}\varphi$ 和 $\mathrm{d}\omega$。

3.4.4　激光足印几何定位

激光足印中心在地面的位置坐标直接反投影到足印影像会存在较大的误差。激光定位模型已经将激光足印中心坐标与足印相机影像的光斑中心坐标进行关联，利用影像的光斑中心位置 (L,S) 求解激光足印点的影像坐标 (L',S')：

$$(L',S') = \boldsymbol{U}^{-1}[\boldsymbol{R}^{-1}(\varphi_{\mathrm{F}},\omega_{\mathrm{F}},\kappa_{\mathrm{F}})\cdot \boldsymbol{R}(\mathrm{d}\varphi,\mathrm{d}\omega,0)\cdot \boldsymbol{R}(\varphi_{\mathrm{F}},\omega_{\mathrm{F}},\kappa_{\mathrm{F}})\cdot \boldsymbol{U}(L,S)] \tag{3.31}$$

通常光学影像产品利用有理函数模型替代严密成像模型，将地面点的地理坐标与其对应像点坐标用比值多项式进行拟合：

$$\begin{cases} x = \dfrac{f_1(\mathrm{lat},\mathrm{lon},H)}{f_2(\mathrm{lat},\mathrm{lon},H)} \\ y = \dfrac{f_3(\mathrm{lat},\mathrm{lon},H)}{f_4(\mathrm{lat},\mathrm{lon},H)} \end{cases} \tag{3.32}$$

式中：x 和 y 为足印影像的像素坐标；$f_i(\mathrm{lat},\mathrm{lon},H)$ $(i = 1, 2, 3$ 和 $4)$为关于激光足印的地理坐标 lat、lon 和 H 的多项式函数，其中多项式系数为

$$f_i(\mathrm{lat},\mathrm{lon},H) = \sum_{i=0}^{3}\sum_{j=0}^{3}\sum_{k=0}^{3} a_{ijk}\mathrm{lat}^i\mathrm{lon}^j H^k \tag{3.33}$$

利用有理函数模型解算激光足印点的地面坐标，可以根据式（3.32）得到有理函数模型的反算形式：

$$\begin{cases} \mathrm{lat} = \dfrac{f_5(x,y,H)}{f_6(x,y,H)} \\ \mathrm{lon} = \dfrac{f_7(x,y,H)}{f_8(x,y,H)} \end{cases} \tag{3.34}$$

式中：$f_i(x,y,H)$ $(i = 5, 6, 7$ 和 $8)$可以采用式（3.33）所描述的关于 x、y 和 H 的三次多项式。

3.5　激光测距大气延迟改正

大气折射效应引起的测距延迟是激光测高仪对地测量的主要误差源之一，这对后续激光测高数据处理及几何定标的影响不可忽视，首先需要补偿激光测距误差中的时变量。由于地球大气时空变化的复杂性，现阶段解决该问题的主要方法是构建精确的大气延迟改正模型（欧吉坤，1998；Thayer，1974；Saastamoinen，1972；Hopfield，1972）。

3.5.1　大气延迟改正模型

电磁波信号在大气中传播遵循费马原理，即信号在空间任意两点之间传播时间最小化。已知激光在大气中传播速度 v、折射率 n 与真空中的光速 c 的关系为 $n=c/v$，由此可推得在大气中激光出射到地面 Z 点的传播时延为

$$t_{\text{trop}}=\frac{1}{c}\int_{Z}^{\infty}(n-1)\mathrm{d}z \tag{3.35}$$

高分对地观测卫星多运行在 500～600 km 的轨道，在这一高度运行卫星主动发射的电磁波信号受到对流层大气的影响较大。目前星载激光测高系统中主要采用基于外部数据的大气延迟改正方法，首先利用外部数据获取测距时刻的气象参数，结合大气天顶延迟模型构建卫星测距的距离改正模型。大气延迟改正模型多写成大气天顶延迟和高度角相关映射函数的乘积：

$$\Delta L=m(\varepsilon)\int_{z}^{\infty}[n(z)-1]\mathrm{d}z \tag{3.36}$$

式中：$n(z)$为天顶方向大气折射率；$m(\varepsilon)$为与入射角 ε 相关的映射函数。

3.5.2　天顶延迟

激光在大气中传播延迟的求解转化为求解大气折射率积分的过程，为了便于公式的推导，设 $(n-1)=10^{-6}N$。

大气天顶延迟的计算依赖构建精确的大气模型，以此获取大气折射率空间分布模式。从大气折射率的贡献角度来看，大气分子分为：随 P/T（P 为大气压强，T 为温度）变化的感生偶极项和随 P/T^2 而变化的永久偶极矩两种。大气的主要成分氧气和氮气只有感生偶极项，这部分大气成分称为大气干分量；水蒸气、CO_2 和其他少量成分同时具有感生偶极项和永久偶极矩，称为大气湿分量。按照以上大气成分的划分，Puyssegur 等（2007）综合了云雾量及游离态电子影响，得到大气折射率计算模型 $(n-1)=10^{-6}N$，其中大气折射率 N 计算公式为

$$N=k_1\frac{P_{\text{d}}}{T}+k_2\frac{P_{\text{w}}}{T}+k_3\frac{P_{\text{w}}}{T^2}+k_4W_{\text{cloud}}+k_5\frac{n_{\text{e}}}{f^2} \tag{3.37}$$

式中：P_{d} 为干大气压强；P_{w} 为湿大气压强；T 为地表温度，K；W_{cloud} 为水汽含量，kg/m^3；n_{e} 为电离层电子密度；f 为电磁波信号的发射频率。

液态水和游离态电子对激光测距延迟相对较小，并且随机性比较大，难以建模；而用于对地测高的激光信号的波长为 1 064 nm（频率约为 3×10^5 GHz），游离态电子对信号延迟可以忽略不计。通常大气延迟改正模型仅针对式（3.37）中前三项进行激光测距的补偿。

Owens（1967）根据流体静力学方程和非理想气体公式推导出对流层大气中干分量和湿分量的延迟改正模型：

$$\begin{cases} \Delta L_{\mathrm{H}} = 10^{-6} k_1 \dfrac{R}{M_{\mathrm{d}}} g_m^{-1} P_{\mathrm{surf}} \\ \Delta L_{\mathrm{w}} = 10^{-6} k_2 \dfrac{R}{M_{\mathrm{w}}} P_{\mathrm{w}} \end{cases} \tag{3.38}$$

式中：地表压强 $P_{\mathrm{surf}} = P_{\mathrm{d}} + P_{\mathrm{w}}$；$M_{\mathrm{d}}$、$M_{\mathrm{w}}$ 分别为干、湿大气分子量，M_{d}= 28.96 kg/kmol，M_{w} = 18.02 kg/kmol；R 为摩尔气体常量。

由式（3.38）可知：在标准大气压下，地表压强平均值取 10^{-5} Pa 时，由大气折射造成的干项延迟值约为 2.3 m；而全球大气可降水量一般在 10～80 mm，由此引起的湿项延迟值仅为 1～6 mm。在地球大气中，干大气的作用占总对流层大气的 80%～90%，其延迟规律较强，利用模型估算天顶方向的延迟精度可达到厘米级；湿大气延迟复杂，影响因素较多，延迟改正后精度也可达到毫米量级。

3.5.3　映射函数

大气延迟理论中对映射函数的研究主要分为两类：一类是级数展开式；另一类是连分式。常见的映射函数模型有常系数干湿连分式、两项常系数连分式及 CfA2.2 映射函数等（Davis et al.，1985；Chao，1972；Marini，1972）。而对于假想均匀一致的大气分布和近似扁平的地球，映射函数可近似表示成

$$m(\varepsilon) = \frac{1}{\cos\varepsilon} \tag{3.39}$$

国际上在处理卫星测距的大气延迟时，映射函数多采用此近似形式。本小节对比常见映射函数与近似形式之间的差异试验发现：在标准大气压和 293.15 K 温度的气象条件下，当天顶入射角小于 50° 时，这些映射函数之间的差异不足 1%；当天顶入射角小于 5° 时，在测量精度范围内差异值可忽略不计，结果如图 3.36 所示。由于激光测高卫星的拍摄角度基本垂直地面，激光束的天顶入射角接近 0°，在构建星载激光测距延迟模型中，选择简化的映射函数进行计算。

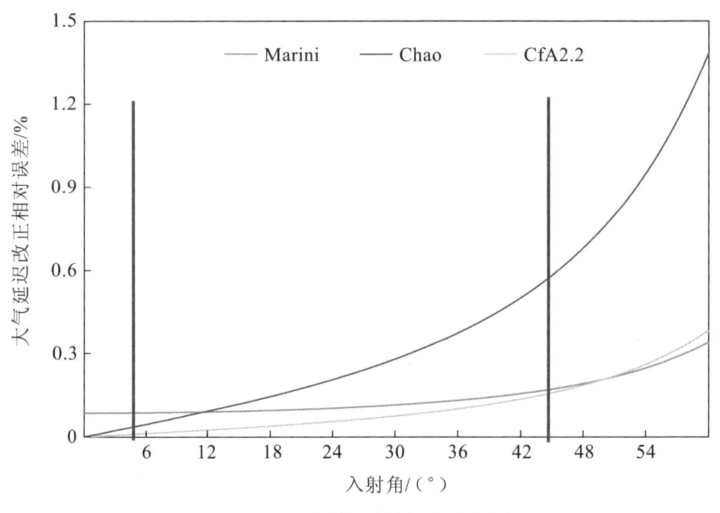

图 3.36　映射函数差异对比图

3.6　全球潮汐改正模型

潮汐现象是指固体地球受到天体（太阳和月球）引潮力的作用而产生的周期性运动，这种现象在沿海地带表现最为明显。古人为了区分发生在沿海地带的这一种自然现象，将早晨的高潮称为潮，而将晚上的高潮称为汐。潮汐专指地球表面在垂直方向上的涨落现象，而地表海水的水平流动常被称为潮流，本节主要针对潮汐现象对卫星激光测高基准的影响展开研究，将具有普适性的全球潮汐改正模型（包括固体潮改正模型和海潮改正模型）应用到星载激光测高严密几何模型中。

3.6.1　固体潮改正模型

由于固体地球并非完全的刚体结构，而是介于弹、塑性体之间的固体状态。日、月和近地行星等对固体地球产生周期性引潮力作用，地球表层也会产生有规律的形变现象，称为固体潮。固体潮引起的高程起伏的最大值可达 46 cm，大地测量学中所研究的固体潮引起的重力变化可达 244 μGal（刘华亮 等，2011；Eineder et al.，2011；周江存 等，2009；陈俊勇，2003）。固体潮理论值的求解过程如下。

设 M 为引潮天体（太阳或月球），P 点为地球表层或内部任意一点，r 为其到地心 O 点的向径，r_{p} 和 r_{m} 分别为引潮天体 M 至 P 点和地心 O 的距离，z_{m} 为引潮天体的地心天顶角，如图 3.37 所示。

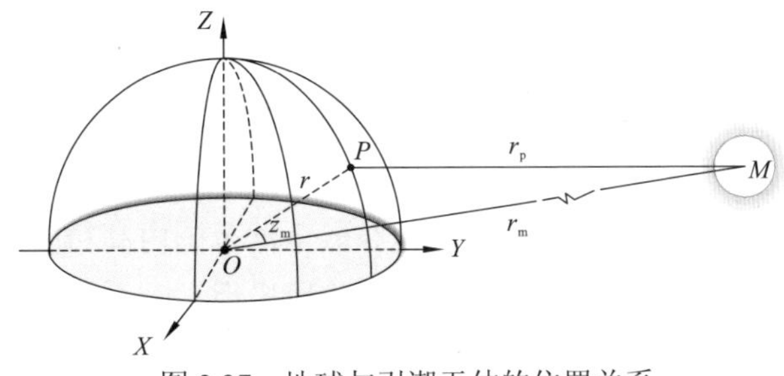

图 3.37　地球与引潮天体的位置关系

本小节引入引潮位的概念，则 P 点所受到的引潮位为

$$W = W_1 + W_2 \tag{3.40}$$

式中：W_1 为引潮天体在 P 点的引潮位，$W_1 = G\dfrac{m}{r_{\mathrm{p}}}$；$W_2$ 为引潮天体对地心的引力位，其在地球内部形成一个平行力场，在 P 点的引潮位大小为

$$\nabla W_2(P) = -G\frac{m}{r_{\mathrm{m}}^2}k \tag{3.41}$$

式（3.41）可写成球谐函数的形式：

$$W = \sum_{n=2}^{\infty} W_n = G\frac{m}{r_{\mathrm{m}}}\sum_{n=2}^{\infty}\left(\frac{r}{r_{\mathrm{m}}}\right)^n P_n(\cos z_{\mathrm{m}}) \tag{3.42}$$

引潮位的拉普拉斯三阶展开式为

$$\begin{aligned} W_n(3) = D\left(\frac{r}{R}\right)^3\left(\frac{R}{c}\right)\left(\frac{c}{r}\right)^4 & \left[\frac{1}{3}\sin\varphi\sin\delta(3-5\sin^2\varphi)(3-5\sin^2\delta)\right. \\ & +\frac{1}{2}\cos\varphi\cos\delta(1-5\sin^2\varphi)(1-5\sin^2\delta)\cos H \\ & \left.+5\cos^2\varphi\sin\varphi\cos^2\delta\sin\delta\cos 2H+\frac{5}{6}\cos^3\varphi\cos^3\delta\cos 3H\right] \end{aligned} \tag{3.43}$$

式中：$D = \dfrac{3}{4}\dfrac{GmR^2}{c^3}$ 为杜德森常数；中括号中前三项分别表示长周期、周日期和半日期固体潮汐，第四项与参数 $\cos 3H$ 相关，也被称为 1/3 日潮。

由于月球的 $\dfrac{r}{r_{\mathrm{m}}}$ 与太阳的 $\dfrac{r}{r_{\mathrm{s}}}$ 的值分别为 $\dfrac{1}{60.3}$ 和 $\dfrac{1}{234\,000}$ 的量级，对月球的 P_n 展开式应该到三阶，而对太阳的 P_n 展开式到二阶即可满足精度需求。

3.6.2　全球海潮改正模型

日月等天体引潮力共同作用于地球的海水层而产生的周期性运动，称为海潮。海潮作用对固体地球也会产生负荷作用，即海洋负荷潮。这些潮汐现象都会影响卫星对地观测值的精度。为了提高星载激光测高数据精度，需要构建全球海潮改正模型。

随着全球观测技术手段的提高，快速获取全球范围内高精度的海平面数据成为可能，建立全球海潮模型也成为可能。现阶段出现了一系列高精度海潮模型，如 FES（finite element solution，有限元解法）、CSR（Center for Space Research）、GOT（Goddard/Grenoble Ocean Tide）、NAO（National Astronomical Observatory of Japan，日本国家天文台）、EOT（empirical ocean tide，经验性海洋潮汐）、DTU（Technical University of Denmark）、HAMTIDE（Tides of Hamburg）、OSU（Ohio State University）等（张胜凯 等，2015；李大炜 等，2012）。其中 FES 系列全球海潮改正模型是由法国 FTG（French Tidal Group）研发构建的海潮同化模型。目前常用的 FES2014 海潮模型数据来源于 337 个 T/P 卫星交叉点数据和 1 254 个 ERS-2 卫星交叉点数据，并同化了 671 个全球验潮站数据，模型在全球的格网分辨率达到 1/16 经纬度。FES2014 模型使用连续拉格朗日二次多项式和非连续、非协调的一次线性式分别对潮高和潮流进行内插，综合考虑了测深、底部摩擦力及潮汐间牵引力等引起潮汐摄动的参数影响，利用 CEFMO 流体动力学模型和 CADOR 通化模型计算了主要的全日和半日潮，包括 8 个分潮波 M2、S2、N2、K2、2N2 及 K1、O1、Q1、P1。图 3.38 为 FES2014 潮汐改正模型中 M2 分潮波误差分布图，误差统计结果显示，M2 分潮波在高程起伏上中误差为 1.3 cm，但是 M2 分潮波在北大西洋区域的误差达到 10 cm。

由此构建基于 FES2014 潮汐改正模型的激光测高补偿流程，如图 3.39 所示。

（1）激光初始定位点。由星载激光初级测高产品提供，这里仅需经过大气延迟改正后的激光定位点坐标。

（2）初值赋值。确定误差方程未知数的初值。未知的补偿参数赋初值为 0，未知的激光点坐标通过定位模型得到经纬度初值。此外，未知数的改正数也全部赋初值为 0。

（3）构建激光定位模型。针对激光测距信息和姿轨辅助文件构建激光定位几何模型，并与激光初始定位点构成误差方程组。

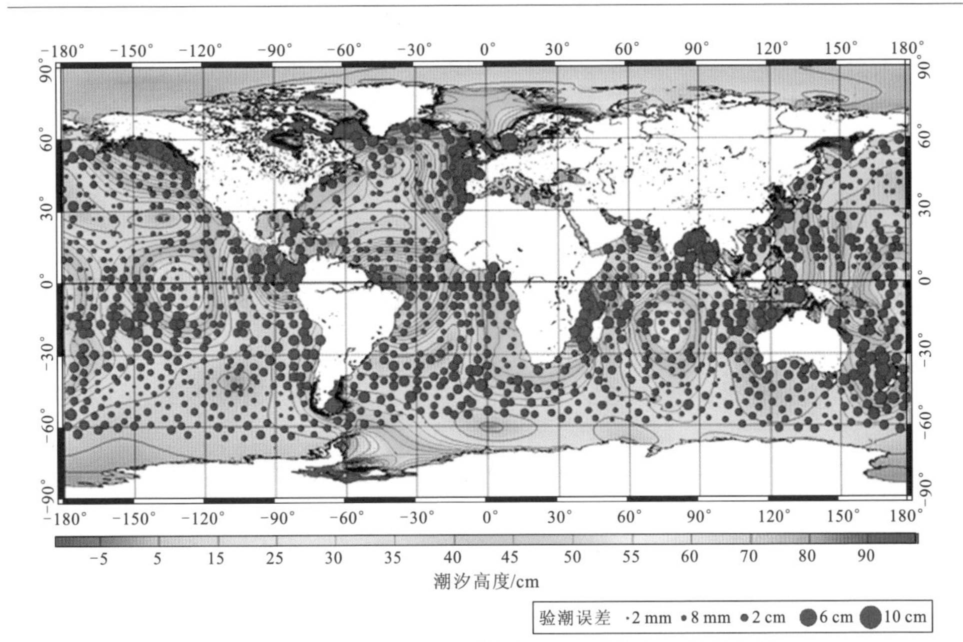

图 3.38　FES2014 潮汐改正模型中 M2 分潮波误差分布图

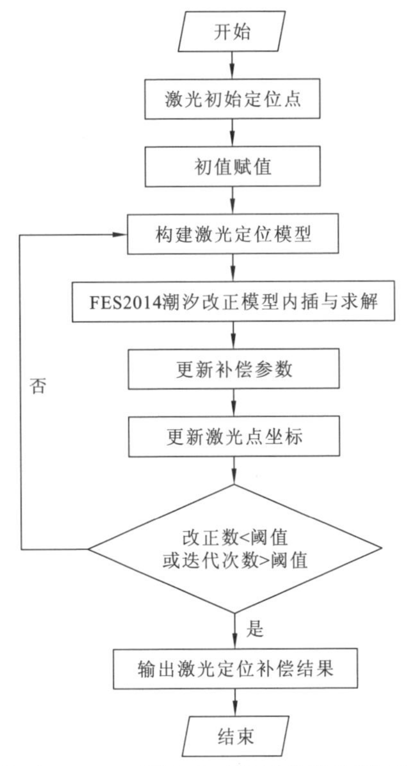

图 3.39　基于 FES2014 潮汐改正模型的激光测高补偿流程图

（4）FES2014 潮汐改正模型内插与求解。根据激光定位模型求解的激光点坐标内插 FES2014 潮汐改正模型中各分潮波的改正值，并进行法方程改化。采用谱修正迭代法进行改化法方程求解，得到补偿参数的改正数。

（5）更新补偿参数。将求解出来的补偿参数的改正数累加到补偿参数上，更新得到新的补偿参数。

（6）更新激光点坐标。在新的补偿参数基础上，采用激光几何定位模型重新计算光斑在地表的坐标，并更新原来的激光点坐标。

（7）如果补偿参数不满足“改正数小于阈值或迭代次数大于阈值”，则流程转到步骤（3）继续进行；否则，更新激光定位补偿结果并输出补偿参数，结束流程。

第 4 章 激光测高产品分级处理及精度验证

为验证星载激光测高数据处理技术的可行性及各级产品的几何精度，本章采用仿真数据、ICESat/GLAS、ICESat-2/ATLAS、ZY3-02 及 GF-7 激光测高数据开展验证及分析。

4.1 激光测高初级产品处理及精度验证

激光测高的初级产品主要涉及线性体制激光雷达的波形处理和光子计数星载激光雷达的点云处理，激光雷达波形处理试验主要包括波形特征参数提取、波形饱和补偿等，光子计数激光点云数据处理试验包括不同方法的点云去噪和精度验证。

4.1.1 激光波形数据处理及验证

1. 激光波形特征参数

脉冲式激光回波的波形特征参数主要包括激光测距值、波形相对高度指数及波形能量分布指数等，而主要涉及激光足印几何定位的波形的几何特征参数，包括波形全高、波形强度、波峰位置、波峰长度、波宽、半宽、波形前缘和后缘长度等。

1）波形全高

星载激光回波波形数据的所有帧并不是全部的有效信号，在进行波形参数提取过程中，需要确定其有效信号的范围。激光有效信号范围的时间跨度被称为波形全高，如图 4.1 所示。在激光接收望远镜的波门打开以后，从波形的第一帧数据开始判定，当某帧信号电压值超过阈值即为信号开始时刻（记为 p_{beg}），直到最后一帧信号不大于阈值结束，即为有效信号的结束时刻（记为 p_{end}）。波形全高则由 p_{beg} 和 p_{end} 两个时刻确定，以此为基础便可提取其他波形特征参数。

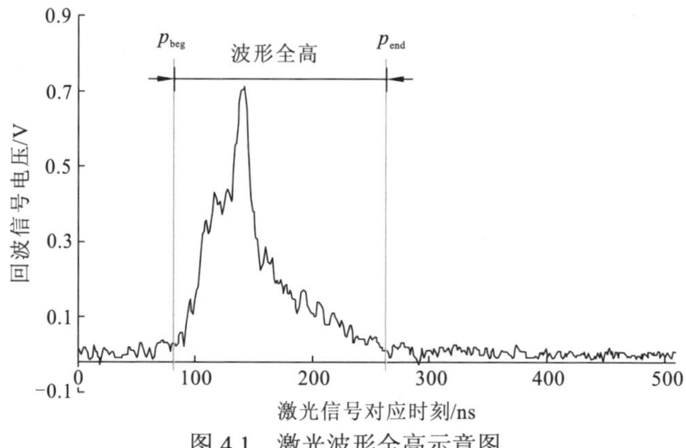

图 4.1　激光波形全高示意图

2）波形强度

激光的波形强度是指地物目标与激光脉冲相互作用后向散射的能量信息，对于符合高斯分布的波形，其强度信息 E_{full} 可用式（4.1）表示，回波强度信息可以看作振幅与波宽的函数，而强度信息通常与物体散射截面和地表反射率相关。

$$E_{full}=\sqrt{2\pi}a_i\sigma_i \tag{4.1}$$

式中：a_i 为激光回波信号的强度；σ_i 为高斯波形的标准差。

3）波峰位置和波峰长度

波峰位置是激光回波能量达到局部最大值的位置，也是光斑内特征地物的集中反映。对于利用高斯函数分解后的波形曲线，其一阶导数为零对应的时刻，即为波峰位置。

波峰长度（图 4.2）为波形分解后的第一个和最后一个高斯波峰之间的时间间隔，其计算公式为

$$\omega=\mathrm{peak}_G-\mathrm{peak}_O \tag{4.2}$$

式中：ω 为激光波形的波峰长度，其中 peak_G 为波形分解的最后一个高斯波形中心对应时刻，通常默认为地面对应波形时刻；peak_O 为首个高斯分解信号的波峰时刻。

4）波宽、半宽及波形前后缘长度

波宽是指经过波形分解后一个高斯函数波形的有效宽度，以每个高斯波峰位置对应时刻 t_i 为中心，分别对两侧进行逐时刻扫描，当采样值小于或等于该波峰

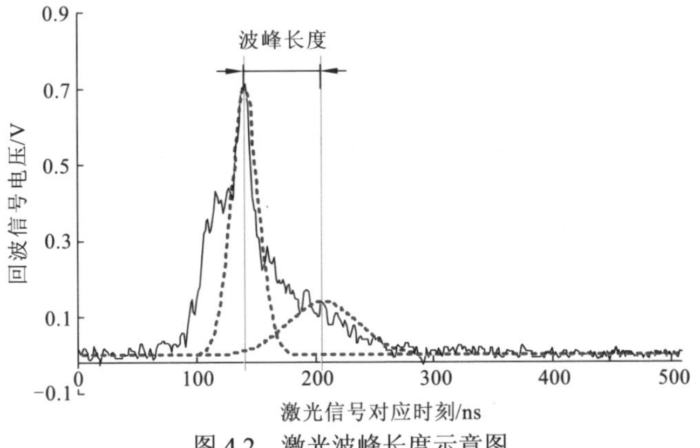

图 4.2　激光波峰长度示意图

振幅值的 1/2 时，记录其对应的两个时刻 t_i^l 和 t_i^r，其时间跨度的一半即为半波宽 s_i 的估计值，表示为式（4.3）。但是如果两个分解的波形存在重叠，则以未重叠一侧点 $t_i^{l\backslash r}$ 到峰值中心时刻 t_i^T 的间隔为其估计值，如式（4.4）所示。

$$s_i = |t_i^r - t_i^l|/2 \tag{4.3}$$

$$s_i = |t_i^T - t_i^{l\backslash r}| \tag{4.4}$$

通常情况下 peak_G 被认为是地面高斯波峰位置，那么波形的半宽高就是波形中心位置到地面对应波形中心的时间长度，其计算公式为

$$\text{HOME} = \text{peak}_\text{G} - p_\text{center} \tag{4.5}$$

式中：p_center 为分解波形中心对应时刻。

波形前缘长度为波形分解后首个高斯波峰 peak_O 与有效信号起始点 p_beg 之间的时间间隔，表示第一个有效回波波峰之前的有效信号区间，其计算公式为

$$l = \text{peak}_\text{O} - p_\text{beg} \tag{4.6}$$

波形后缘长度为波形分解后的地面高斯波峰 peak_G 时刻与有效信号结束点 p_end 之间的时间间隔，表示地面回波波峰之前的有效信号区间，主要反映地形坡度和粗糙度对回波信号的影响，其计算公式为

$$t = p_\text{end} - \text{peak}_\text{G} \tag{4.7}$$

2. GF-7 激光波形参数提取试验

GF-7 激光测高仪波形数据包含了发射波形和回波波形，采样频率为 2 GHz。其中发射波形采用高斯基模，回波波形可以表示为高斯信号与噪声的叠加。单波峰回波信号可采用如下高斯分布函数表示：

$$f(t)=A\mathrm{e}^{-\frac{(t-t_0)^2}{2\sigma^2}}+N_n \tag{4.8}$$

式中：A 为峰值；t_0 为峰值所对应的时刻；σ 为均方根脉宽；N_n 为波形噪声值。

全波形激光测高仪主要采用飞行时间测量法实现测距，如式（4.9）所示，采用峰值法确定发射信号时间和回波信号接收时间，即通过计算发射波与回波的峰值时间来计算激光测距值。

$$h=\frac{1}{2}c\cdot(t_{\mathrm{R}}-t_{\mathrm{T}}) \tag{4.9}$$

式中：c 为光速；t_{R} 为系统接收信号时间；t_{T} 为系统发射信号时间。

由于仪器设备自身及测量环境的影响，激光接收系统探测到的信号中会存在一定的噪声，背景噪声对波形特征参数的提取具有很重要的影响。采用阈值去噪对星载激光原始波形数据进行预处理，可以筛选出有效波形，即利用首尾各 100 个采样值的平均值和均方差来估算背景噪声的阈值，大于背景噪声阈值的采样点数据为有效数据。背景噪声均值 m_{n} 与噪声均方差 σ_{n} 的计算公式如下：

$$m_{\mathrm{n}}=\sum_{i=1}^{n}V_i/k \tag{4.10}$$

$$\sigma_{\mathrm{n}}=\sqrt{\sum_{i=1}^{k}\frac{(V_i-m_{\mathrm{n}})^2}{k}} \tag{4.11}$$

式中：n 为一个激光点数据中首尾第 n 个采样值；k 为用于计算背景噪声参数的波形采样点数；V_i 为波形强度值。

卫星在轨工作中，星载激光模拟波形信号经数字化处理后产生量化误差，部分情况下发射与回波会出现多个最大值，或峰值点并不是真实的波形峰值点等情况，导致激光测距存在随机误差。为提高测距精度，利用最小二乘法迭代对有效波形进行高斯拟合，进而提取波形特征参数。

利用高斯函数对单波峰激光信号进行拟合，可获得脉冲波形的峰值时间、峰值强度和脉宽等特征参数，图 4.3 为激光回波波形部分特征参数提取实例。

GF-7 激光测高仪通过高增益与低增益两个通道记录回波波形数据，如图 4.4 所示。

3. GF-7 激光波形饱和补偿试验

相比于低增益，高增益数据在强反射回波信号时更易出现饱和现象；低增益虽然不易饱和，但当地表反射率较低时，部分有效信号容易被噪声淹没。当高增益通道的信号出现饱和现象、低增益通道信号未饱和时，采用高斯拟合对高、低增益波形处理后得到的测距值存在偏差，如图 4.5 所示。

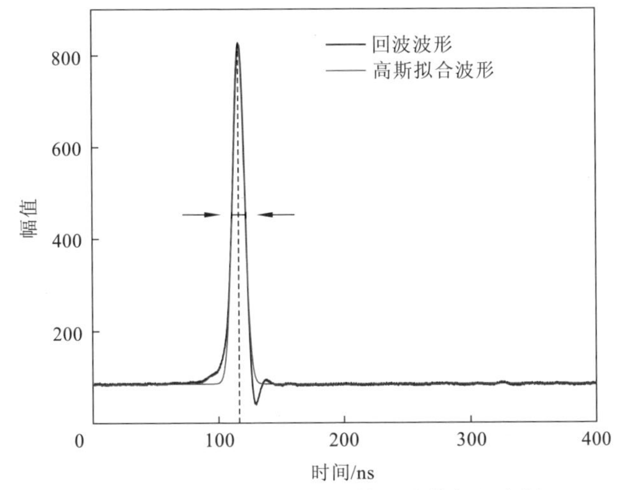

图 4.3　激光回波波形部分特征参数提取实例

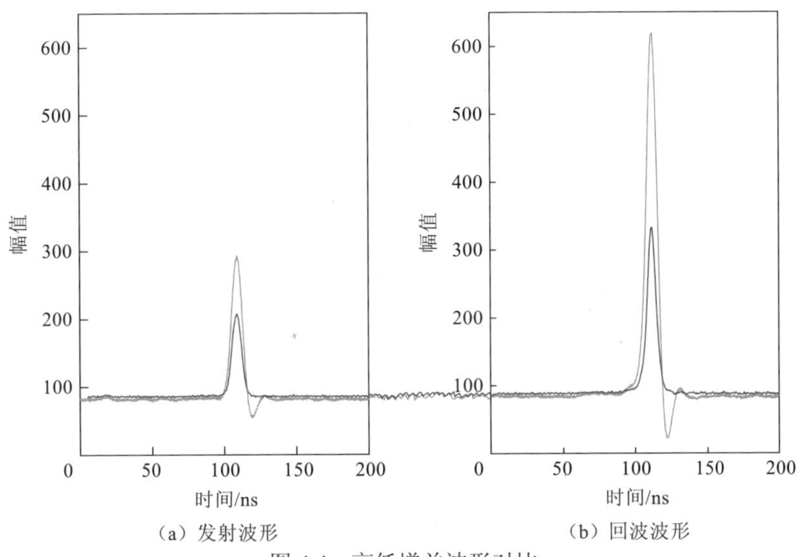

图 4.4　高低增益波形对比

根据高、低增益通道获取同一脉冲的测距信息，可以利用低增益脉冲飞行时间（time of flight，TOF）来修正高增益饱和回波的信号接收时间。当饱和度过高波形幅度过大时，回波脉冲的展宽会随着饱和度的变化而变化。利用饱和回波高斯拟合的峰值时间对回波接收时间进行初定位，再利用饱和波形对应的低增益激光 TOF 和饱和波形的发射信号时间解算出高增益饱和回波接收时间，两者进行差值比较，建立饱和度与回波接收时间偏差值之间的函数模型；利用该模型计算不同饱和度所对应的误差值Δy，用于修正饱和波形的回波接收时间，即

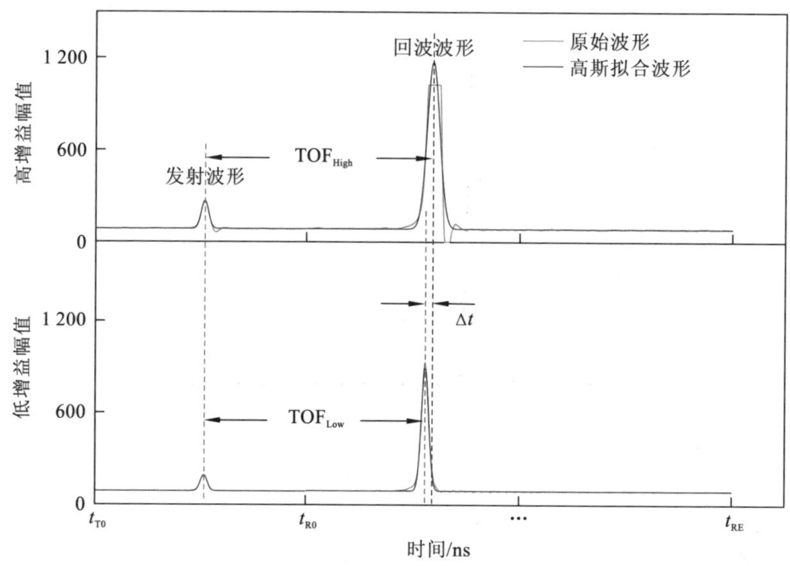

图 4.5　高增益（饱和）与低增益（不饱和）波形拟合结果

$$Y_{\text{new}} = Y_{\text{c}} - \Delta y \tag{4.12}$$

式中：Y_{c} 为饱和回波的高斯拟合峰值时间参数；Y_{new} 为修正后的激光信号接收时间。脉冲飞行时延补偿流程如图 4.6 所示。

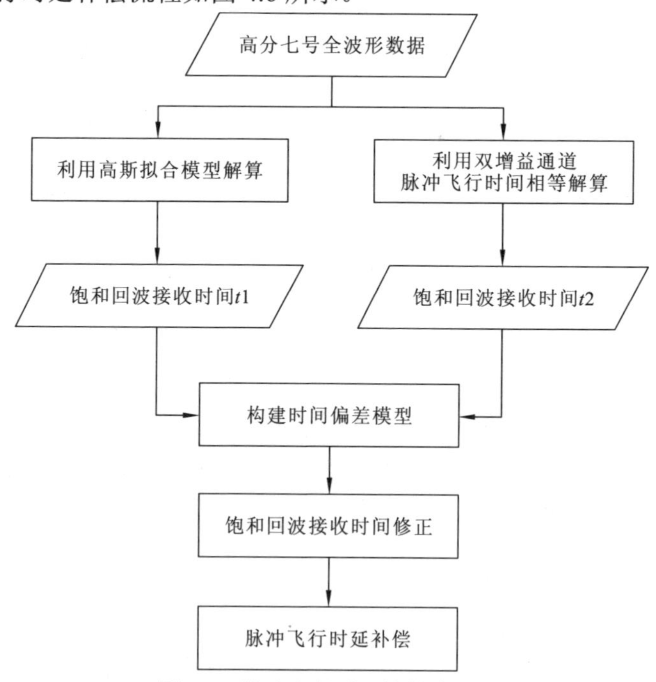

图 4.6　脉冲飞行时延补偿流程图

试验选取 GF-7 于 2019 年 12 月拍摄的一轨激光数据，试验区包括山地、城镇、水域和农田等，如图 4.7 所示。试验数据分为两组：第一组数据的激光波形数据在高、低增益两个通道均未出现饱和现象；第二组数据中激光波形在高增益通道存在饱和现象，低增益通道未出现饱和现象。两组试验数据分别用于验证激光饱和波形的时延补偿和波形特征参数恢复。

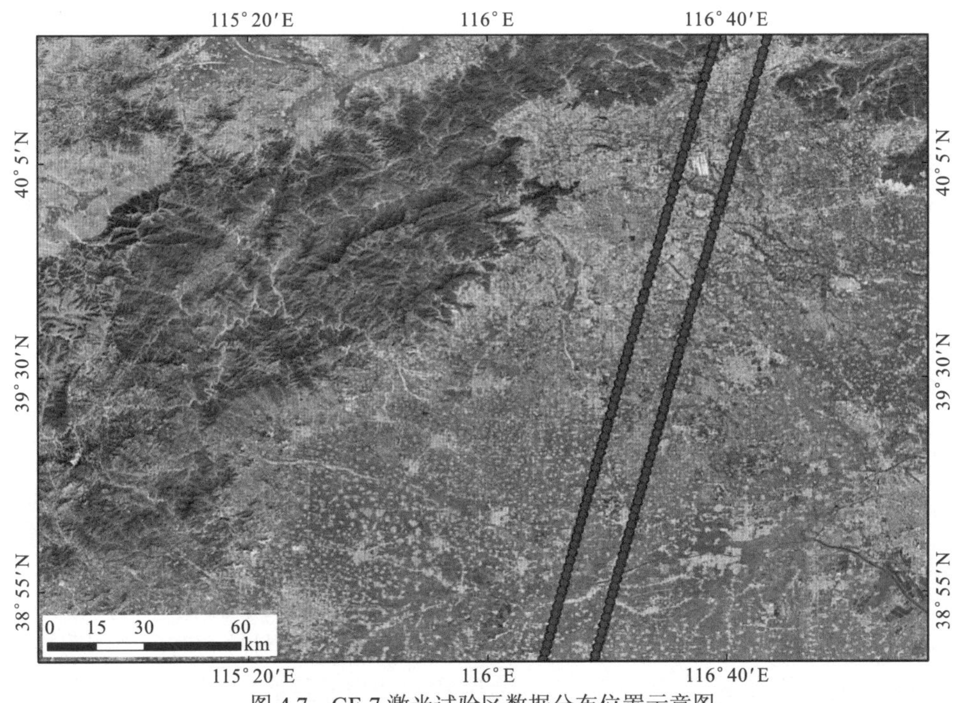

图 4.7　GF-7 激光试验区数据分布位置示意图

本次试验主要分为两组：一是脉冲飞行时延补偿试验，利用 GF-7 激光测高仪全波形数据验证饱和波形的时延现象，并建立测距偏差模型对饱和回波接收时间进行补偿；二是饱和波形特征参数恢复试验，利用 GF-7 同一激光束不饱和高、低增益波形数据建立峰值强度回归模型，用饱和波形对应的低增益峰值强度参数补偿高增益，结合第一组试验中饱和回波的脉冲时延补偿恢复饱和波形信号特征。

1）激光脉冲飞行时延补偿试验

激光探测器的信号饱和在波形特征上表现为“削顶”现象，但是在探测器的光电子响应层面则会存在时间延迟，通常称为饱和“死时间”。假设饱和回波波形只是未记录超出阈值强度的信号，那么根据波形特征参数解算得到激光测距值1；假设饱和回波信号接收时间为“死时间”，即激光探测器探测到一个及以上电子均只生成一个数字量化值（digital number，DN），那么将“死时间”信号剔除后进行波形参数解算，得到激光测距值2。

试验选取不同饱和度的高低增益波形数据，以低增益通道激光波形测距值为基准，统计测距值1和测距值2的误差，得到高增益饱和波形的测距偏差值，如图4.8所示。

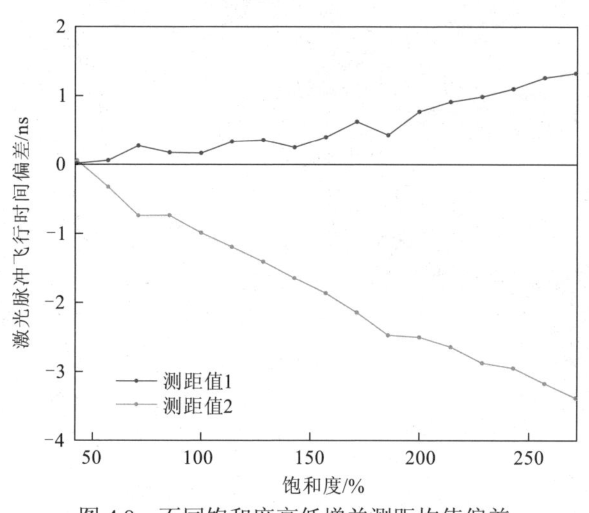

图4.8　不同饱和度高低增益测距均值偏差

将剔除饱和“死时间”后的峰值时间作为饱和回波信号接收时间，测距精度为 0.322 m，将高斯拟合峰值时间作为饱和回波信号接收时间，测距精度达到0.106 m。通过比较图 4.8 中这两种算法的时间延迟情况可以发现：饱和波形的“削顶”现象在测距上存在非线性的时间延迟。

筛选30组GF-7激光测高数据确保同一激光束在双通道的信号均不饱和，提取相应的波形特征参数（即峰值时间、峰值强度参数）；首先根据提取的发射波和回波峰值时间参数对 GF-7 双通道测距一致性进行验证，验证结果表明高、低增益两个通道在系统误差范围内测量距离相等，如图 4.9 所示，决定系数为 1，其拟合残差图如图4.10所示。

试验将计算高增益饱和波形对应的低增益通道激光脉冲飞行时间，并将其作为高增益饱和波形的激光脉冲飞行时间，再利用高增益发射波的峰值时间参数，即可计算高增益饱和回波的接收时间。

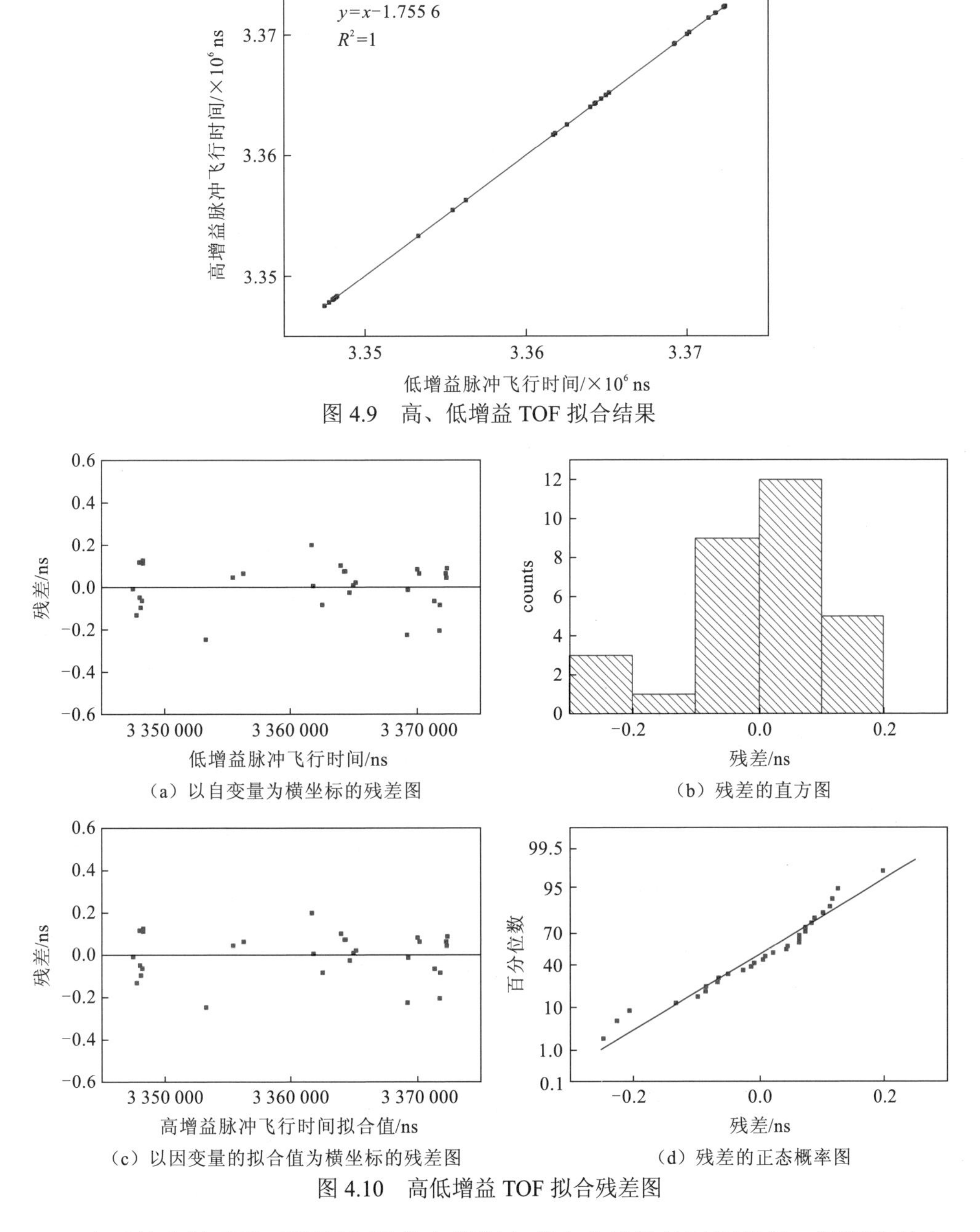

图 4.9　高、低增益 TOF 拟合结果

（a）以自变量为横坐标的残差图

（b）残差的直方图

（c）以因变量的拟合值为横坐标的残差图

（d）残差的正态概率图

图 4.10　高低增益 TOF 拟合残差图

由于饱和波形的“削顶”现象在测距上存在非线性的时间延迟，测距偏差会随饱和度的变化而变化。试验采用 51 组具有不同饱和度（0%～300%）的样本数据，通过饱和回波的高斯拟合峰值时间与基于双通道一致性解算的回波信号接收

时间之间的差值进行比较，建立偏差值与饱和度之间的函数关系模型，如图 4.11 所示，该模型拟合优度为 0.895，其残差图如图 4.12 所示。

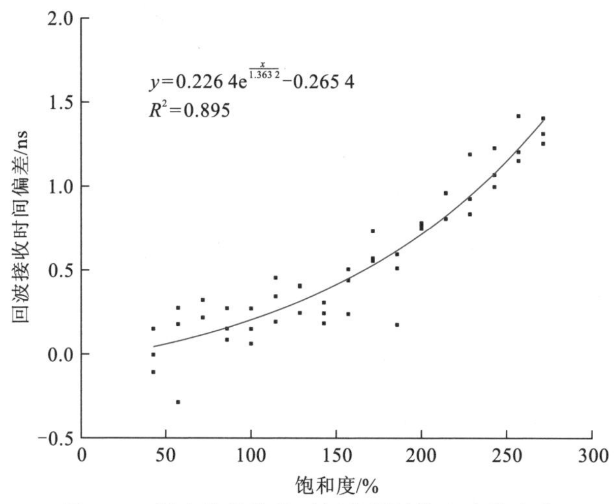

图 4.11　激光信号接收时间偏差随饱和度的变化

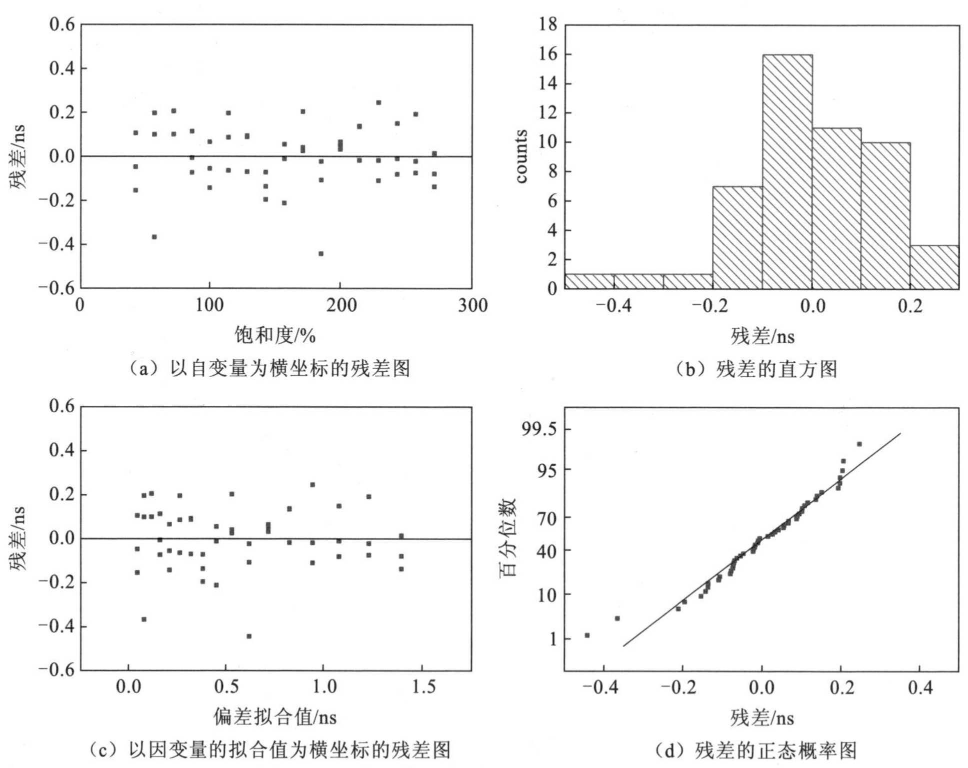

图 4.12　激光信号接收时间偏差模型残差图

利用剔除饱和“死时间”计算的激光测距值精度为 0.322 m（2.15 ns），直接根据波形特征参数解算的激光测距值精度为 0.106 m（0.7 ns），而通过脉冲飞行时延补偿之后计算激光测距值，测距精度最高，可达 0.021 m（0.14 ns），显然，该补偿算法能够有效提升饱和激光脉冲的测距精度。

2）饱和波形特征参数恢复

GF-7 激光双增益通道获取同一脉冲的回波信号，在探测器有效量化范围内双通道波峰强度值呈线性相关关系。对不饱和信号的双通道波形强度值进行回归分析，得到高低增益回波峰值强度拟合结果，如图4.13所示，该模型拟合优度为 0.992，其残差图如图 4.14 所示。将此线性回归模型用于高增益通道的饱和波形数据补偿，可得到高增益饱和回波的峰值强度参数。

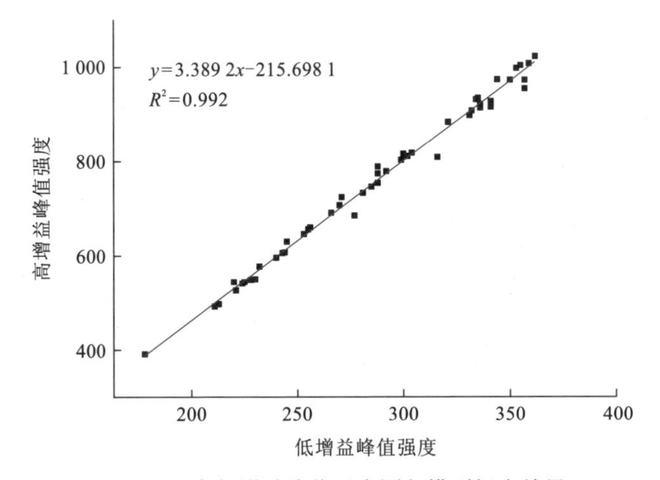

图 4.13　高低增益峰值强度回归模型拟合结果

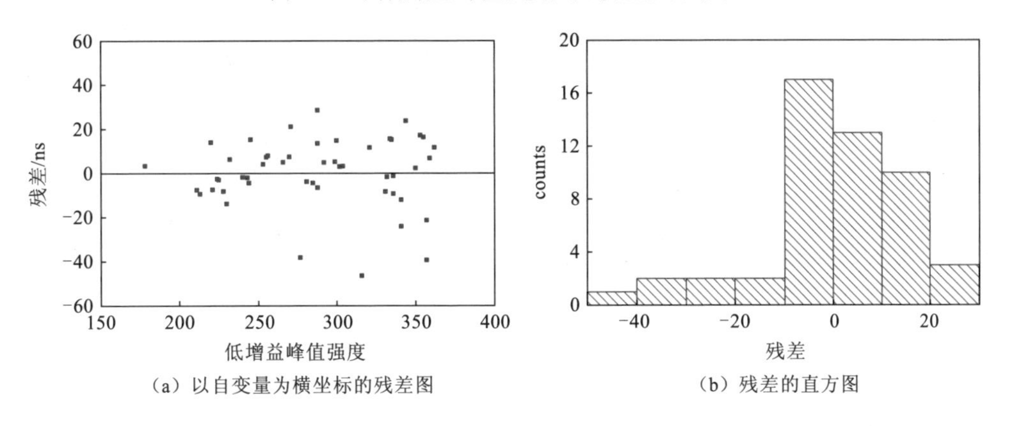

（a）以自变量为横坐标的残差图　　（b）残差的直方图

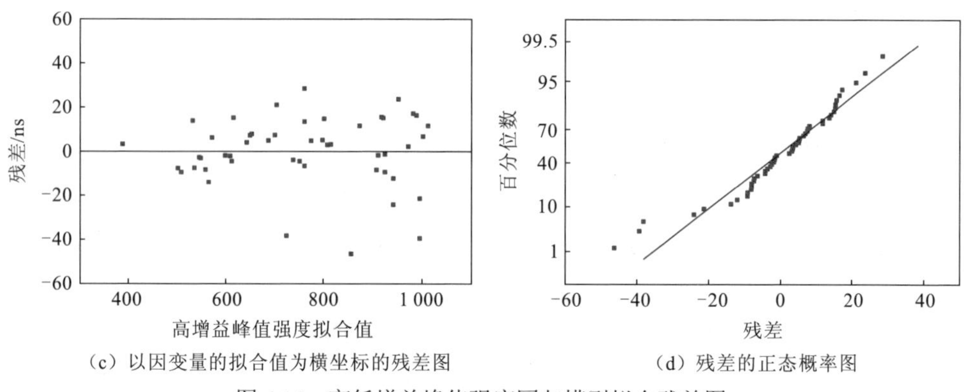

（c）以因变量的拟合值为横坐标的残差图　（d）残差的正态概率图

图 4.14　高低增益峰值强度回归模型拟合残差图

基于饱和回波的接收时间补偿模型和峰值强度回归模型对原始波形进行饱和补偿，得到不同饱和度的回波脉冲信号，如图 4.15 所示。

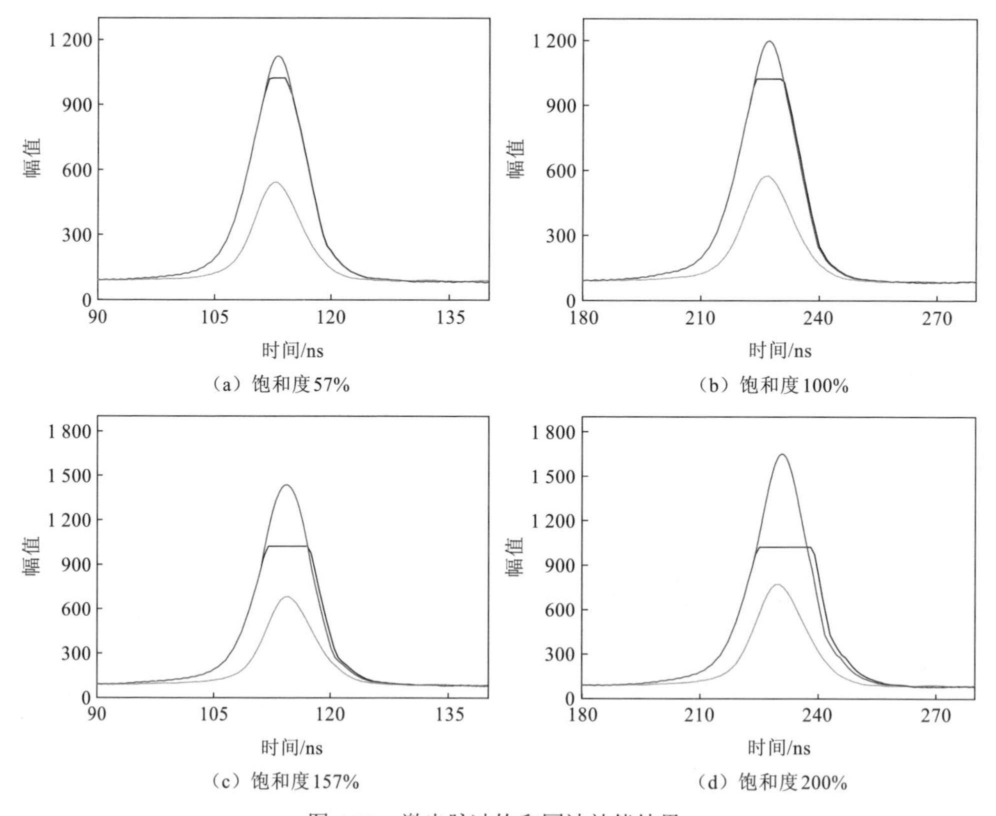

（a）饱和度57%　（b）饱和度100%

（c）饱和度157%　（d）饱和度200%

图 4.15　激光脉冲饱和回波补偿结果

黑色实线为高增益饱和波形，蓝色实线为低增益波形，红色实线为饱和补偿后的高增益波形

试验针对 GF-7 全波形记录的激光测量波形数据的饱和现象，提出一种恢复饱和波形信号特征的方法，并基于饱和补偿模型对饱和波形的回波脉冲接收时间进行修正，以提高饱和波形数据的测距精度。试验结果表明，激光饱和波形在解算脉冲飞行时间上存在非线性的延迟。利用脉冲时延补偿模型可以修正 GF-7 激光测高仪饱和数据的测量距离，提高饱和数据的测距精度，经饱和补偿模型修正后的测距精度可由 0.7 ns（0.11 m）提升到 0.14 ns（0.02 m）。

4.1.2　光子激光点云数据预处理及验证

1. 激光点云去噪方法对比试验

采用仿真模型模拟ICESat-2的激光点云数据，并对比不同算法点云去噪处理的效果。

1）仿真试验数据

本试验采用光子计数的激光点云仿真数据，仿真的试验区域选择河南省嵩山地区，仿真数据包括试验区的高精度正射影像、DEM 等基准数据，仿真模型设置激光器仿真参数、激光足印光斑参数、激光雷达探测器参数和环境参数等，具体仿真参数如表 4.1 所示。

表 4.1　激光点云仿真参数

项目	参数	值
卫星平台	轨道高度/km	500
激光器参数	发射信号脉宽/ns	1.5
	激光束发散角/mrad	0.01
	激光雷达采样频率/GHz	1.0
激光足印光斑参数	足印光斑噪声率/%	5.0
	激光光斑离散化格网/m	30×30
激光雷达探测器参数	光子计数模式	单光子计数模式
	光子探测器个数	1
	探测器死时间/ns	20～30
环境参数	环境噪声触发率/%	0.8

2）试验结果

试验分别采用基于局部距离统计算法和基于局部距离加权统计算法，对仿真点云进行去噪处理，设置 K 值为 200。两种算法得到的频数分布直方图如图 4.16 所示，图 4.16（a）为基于局部距离加权统计算法得到的累计加权距离频数分布直方图，图 4.16（b）为基于局部距离统计算法得到的累计距离频数分布直方图。从图中可以看出，累计距离和均呈现两个明显的波峰。

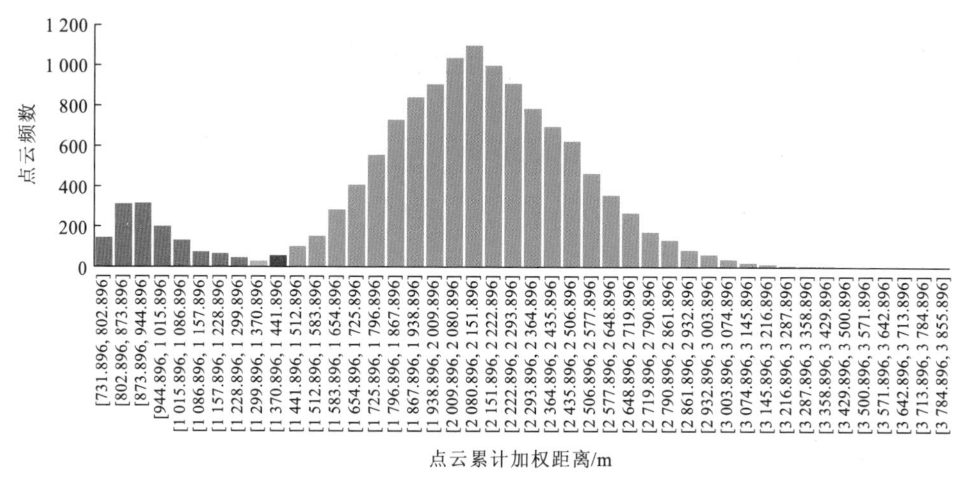

（a）基于局部距离加权统计算法

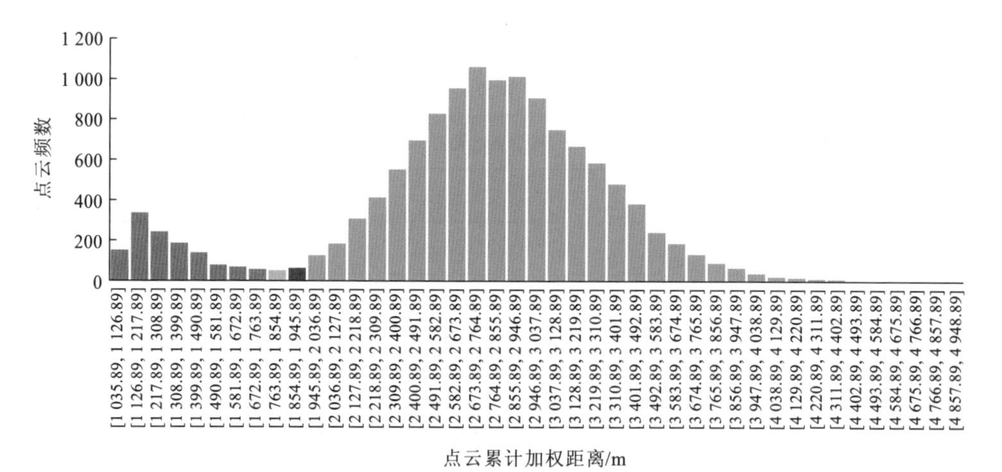

（b）基于局部距离统计算法

图 4.16　激光点云去噪的距离累计频数分布直方图

使用该地区 DEM 数据进行仿真，仿真数据如图 4.17（a）所示。仿真数据中存在大量的噪声点，且地形起伏较大，具有一定的代表性。

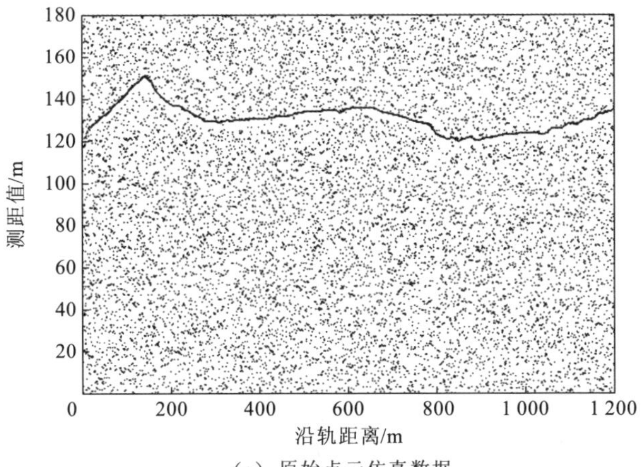

（a）原始点云仿真数据

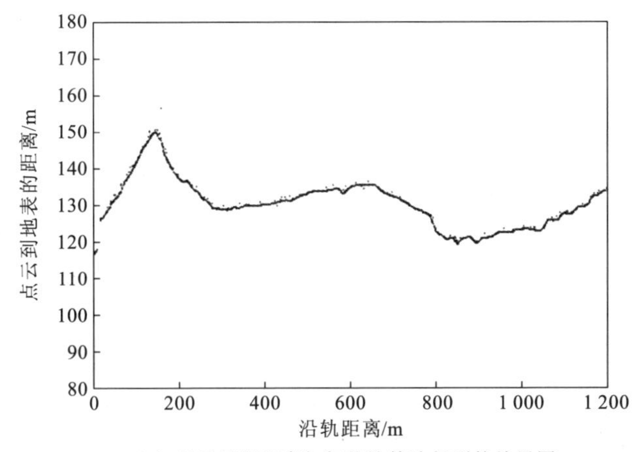

（b）基于局部距离加权统计算法得到的结果图

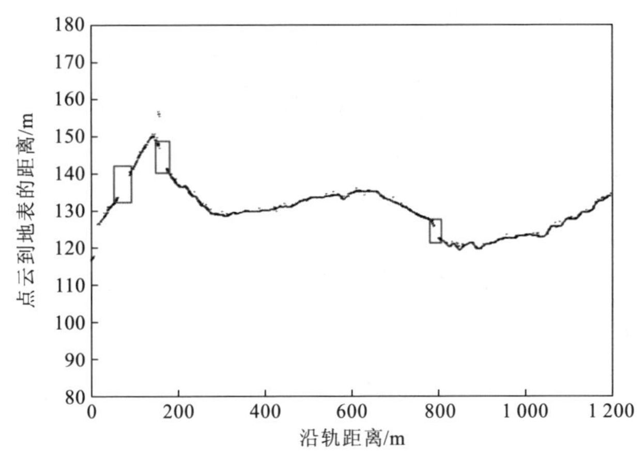

（c）基于局部距离统计算法，阈值取频数最小区间时得到的结果图

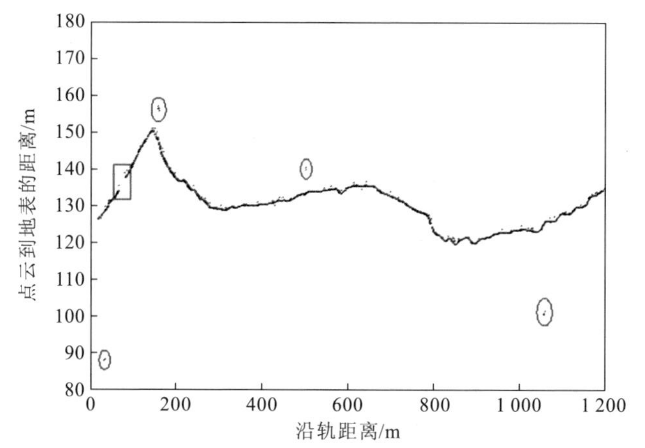

（d）基于局部距离统计算法，阈值取差值最大区间时得到的结果图

图 4.17　激光点云去噪结果

当阈值取差值最大区间时，距离和小于 1 441.896 m 的点为非噪声点，距离和大于 1 441.896 m 的点则为噪声点，予以剔除，去除噪声点后的点云结果如图 4.17（b）所示。阈值取频数最小区间，即阈值为 1 854 m，得到图 4.17（c），可以看到图 4.17（c）中存在大量点云的缺失。如果将阈值取差值最大区间设置为 1 945 m，得到图 4.17（d），图中仍存在少部分点云缺失，但是噪声点的信息会残存较多。

对比两种算法的结果图可以发现：基于局部距离统计算法在点云密度较小时，尤其是坡度较大的测量区域，很难较好地区分噪声点和非噪声点，而阈值设置为频数最小值时，又会造成密度较小区域点云的大量缺失。阈值设置为差值最大值时，可以弥补部分点云的缺失问题，但在点云密度很小的区域仍存在缺失，并且残存了大量噪声数据。采用基于局部距离加权统计算法，可以在点云密度较小时，很好地区分噪声点和非噪声点，保留连续完整的有效点云。

2. 不同地形条件下激光点云去噪试验

为验证地形对点云去噪算法的影响，本试验模拟不同地形坡度下的激光点云数据，利用基于局部距离加权算法进行处理和验证。

1）试验数据

仿真的试验区域位于河南省嵩山地区，地形起伏较大，使用该地区 DEM 数据进行仿真。试验采用仿真数据，激光器参数、激光足印光斑参数、激光探测器参数和环境参数等设置如表 4.1 所示。试验共分为 11 组，激光点云的轨迹分布如

图 4.18 所示，每组数据 10 000 个激光波束，试验设置对照组数据中不包含噪声点，试验组数据仿真存在噪声点，如图 4.19 和图 4.20 所示。

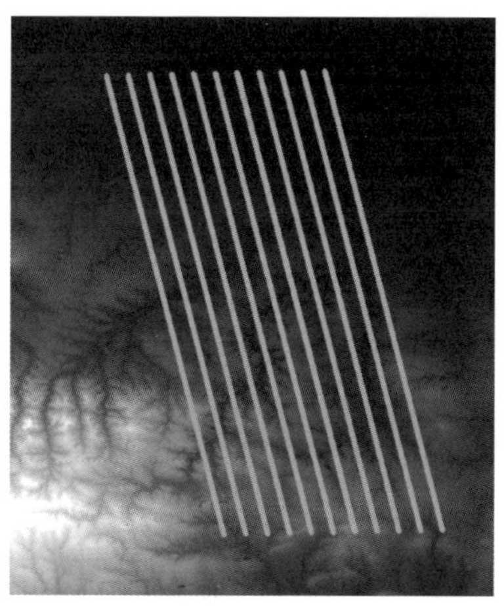

图 4.18　激光点云轨迹分布图

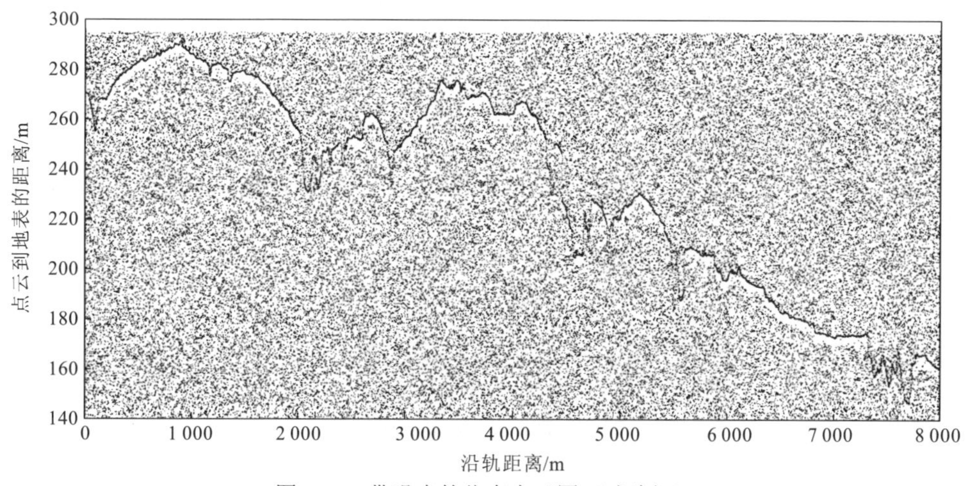

图 4.19　带噪声的仿真点云图（试验组）

2）地形分类

依据国际地理学联合会地貌调查与地貌制图委员会关于地貌详图应用的坡度分类来划分坡度等级，根据坡度参数对地形进行分类，共将地形分为 7 类：坡度在 0°～0.5° 为平原，0.5°～2° 为微斜坡，2°～5° 为缓斜坡，5°～15° 为斜坡，15°～35° 为陡坡，35°～55° 为峭坡，55°～90° 为垂直坡（表 4.2）。

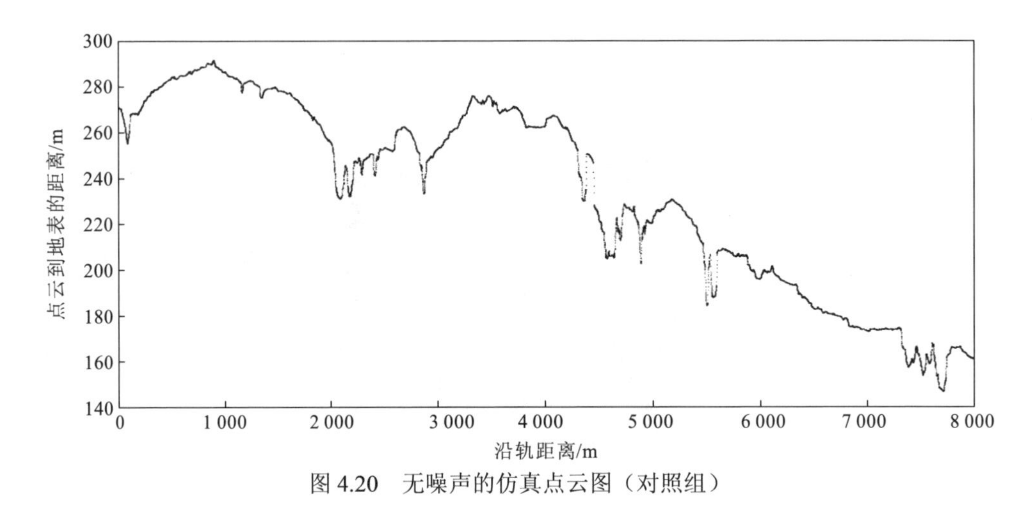

图 4.20　无噪声的仿真点云图（对照组）

表 4.2　地形分类表

项目	坡度/（°）						
	0～0.5	0.5～2	2～5	5～15	15～35	35～55	55～90
类型	平原	微斜坡	缓斜坡	斜坡	陡坡	峭坡	垂直坡

3）利用 DEM 制作坡度图

用 ArcGIS 从 DEM 中计算出每个点的坡度，生成坡度图，如图 4.21 所示。

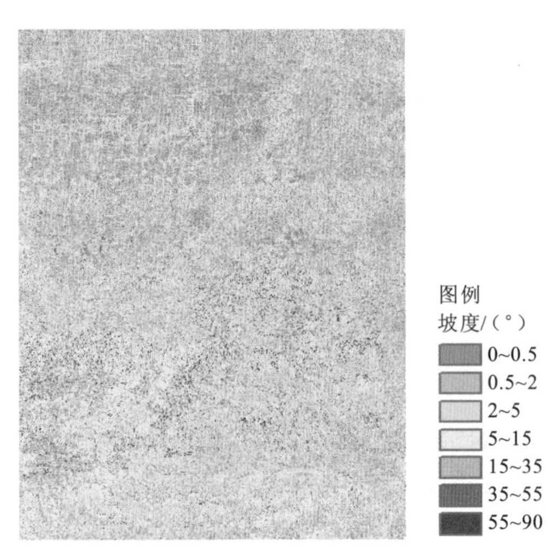

图 4.21　试验区坡度图

4）点云去噪

利用基于局部距离加权统计算法对点云进行去噪，将去噪后的点云与仿真的真实地形点云进行比较，统计相同、漂移、误识别和没识别 4 类地形的去噪结果，并计算误识别和没识别（误+没）点数之和占各类型总点数的比例，分析统计结果见表 4.3～表 4.14。

表 4.3　第一组试验数据统计结果

类型	1	2	3	4	5	6	7	总数
相同	298	1 712	1 883	1 565	463	144	37	6 102
漂移	62	265	292	274	126	51	19	1 089
误识别	5	21	14	48	24	7	2	121
没识别	76	359	476	876	601	227	81	2 696
总数	441	2 357	2 665	2 763	1214	429	139	10 008
误+没占比/%	18.37	16.12	18.39	33.44	51.48	54.55	59.71	28.15

注：1 为平原，2 为微斜坡，3 为缓斜坡，4 为斜坡，5 为陡坡，6 为峭坡，7 为垂直坡，余表同。

表 4.4　第二组试验数据统计结果

类型	1	2	3	4	5	6	7	总数
相同	140	2 075	2 998	1 296	179	14	5	6 707
漂移	15	266	368	214	72	20	3	958
误识别	2	18	40	29	19	8	3	119
没识别	20	317	453	655	488	224	59	2 216
总数	177	2 676	3 859	2 194	758	266	70	10 000
误+没占比/%	12.43	12.52	12.78	31.18	66.89	87.22	88.57	23.41

表 4.5　第三组试验数据统计结果

类型	1	2	3	4	5	6	7	总数
相同	336	1 860	2 386	1 444	280	22	5	6 333
漂移	50	255	323	220	130	35	3	1 016
误识别	7	31	32	28	22	7	6	133
没识别	39	277	334	647	892	230	98	2 517
总数	432	2 423	3 075	2 339	1 324	294	112	9 999
误+没占比/%	10.65	12.71	11.90	28.86	69.03	80.61	92.86	26.50

表 4.6　第四组试验数据统计结果

类型	1	2	3	4	5	6	7	总数
相同	267	2 125	2 260	1 366	157	30	15	6 220
漂移	42	327	337	272	67	21	9	1 075
误识别	1	27	35	30	5	6	4	108
没识别	59	420	463	746	515	301	93	2 597
总数	369	2 899	3 095	2 414	744	358	121	10 000
误+没占比/%	16.26	15.42	16.09	32.15	69.89	85.75	80.16	27.05

表 4.7　第五组试验数据统计结果

类型	1	2	3	4	5	6	7	总数
相同	435	1 830	2 094	1 575	369	42	3	6 348
漂移	76	233	281	244	122	17	6	979
误识别	9	16	41	48	52	7	2	175
没识别	73	278	324	609	815	345	54	2 498
总数	593	2 357	2 740	2 476	1 358	411	65	10 000
误+没占比/%	13.83	12.47	13.32	26.53	63.84	85.64	86.15	26.73

表 4.8　第六组试验数据统计结果

类型	1	2	3	4	5	6	7	总数
相同	363	2 532	2 386	1 370	248	25	3	6 927
漂移	38	325	334	212	75	22	1	1 007
误识别	2	19	28	31	10	1	0	91
没识别	52	412	354	513	569	64	11	1 975
总数	455	3 288	3 102	2 126	902	112	15	10 000
误+没占比/%	11.87	13.11	12.31	25.59	64.19	58.04	73.33	20.66

表 4.9　第七组试验数据统计结果

类型	1	2	3	4	5	6	7	总数
相同	251	1 459	2 551	1 760	232	52	5	6 310
漂移	52	198	350	321	97	56	2	1 076
误识别	8	42	53	57	27	9	6	202
没识别	31	193	338	679	787	263	118	2 409
总数	342	1 892	3 292	2 817	1 143	380	131	9 997
误+没占比/%	11.40	12.42	11.88	26.13	71.22	71.58	94.66	26.12

表 4.10　第八组试验数据统计结果

类型	1	2	3	4	5	6	7	总数
相同	191	1 921	2 171	1 547	372	30	8	6 240
漂移	27	230	302	245	119	13	4	940
误识别	3	10	19	21	20	2	3	78
没识别	35	309	418	908	905	121	49	2 745
总数	256	2 470	2 910	2 721	1 416	166	64	10 003
误+没占比/%	14.84	12.91	15.02	34.14	65.32	74.10	81.25	28.22

表 4.11　第九组试验数据统计结果

类型	1	2	3	4	5	6	7	总数
相同	328	1 745	2 230	1 474	294	17	1	6 089
漂移	44	234	327	269	105	19	0	998
误识别	1	8	6	20	19	2	1	57
没识别	49	282	383	962	960	176	42	2 854
总数	422	2 269	2 946	2 725	1 378	214	44	9 998
误+没占比/%	11.85	12.78	13.20	36.05	71.04	83.18	97.73	29.12

表 4.12　第十组试验数据统计结果

类型	1	2	3	4	5	6	7	总数
相同	184	1 434	2 193	2 057	498	99	47	6 512
漂移	22	186	287	364	135	27	7	1 028
误识别	4	37	64	72	31	3	2	213
没识别	34	238	379	793	635	103	71	2 253
总数	244	1 895	2 923	3 286	1 299	232	127	10 006
误+没占比/%	15.57	14.51	15.16	26.32	51.27	45.69	57.48	24.65

表 4.13　第十一组试验数据统计结果

类型	1	2	3	4	5	6	7	总数
相同	426	1 698	1 901	1 401	307	30	8	5 771
漂移	52	188	273	252	186	37	8	996
误识别	3	17	29	36	27	8	2	122
没识别	61	236	290	1 027	981	410	102	3 107
总数	542	2 139	2 493	2 716	1 501	485	120	9 996
误+没占比/%	11.81	11.83	12.80	39.14	67.15	86.18	86.67	32.30

表 4.14　11 组试验统计总表

类型	1	2	3	4	5	6	7	总数
相同	3 219	20 391	25 053	16 855	3 399	505	137	69 559
漂移	480	2 707	3 474	2 887	1 234	318	62	11 162
误识别	45	246	361	420	256	60	31	1 419
没识别	529	3 321	4 212	8 415	8 148	2 464	778	27 867
总数	4 273	26 665	33 100	28 577	13 037	3 347	1 008	110 007
误+没占比/%	13.43	13.38	13.82	30.92	64.46	75.41	80.26	26.63

综合 11 组数据结果，误识别和没识别点数之和占各类型总点数的比例，随坡度的增大而增大，可以看出，地形对点云去噪算法的精度和适用性存在影响。第 1、2、3 类地形中，占比均在 10%以上，第 4 类地形占比超过 25%，随着坡度

的增大，第 5、6、7 类地形占比越来越大。我国的地形坡度通常是第 2、3、4 类地形占绝大多数，所以整体的去噪效果较好，占比在26%左右。从总占比的大小来看，第 1、2、3 类地形的点云去噪结果影响并不大，对总占比影响较大的是第 5、6、7 类地形，即地形坡度＞15° 的山地和高山地区。

3. 基于遗传算法的局部加权统计点云去噪试验

针对不同地形坡度的激光点云测量数据，提出基于遗传算法的局部加权统计点云去噪算法，为了验证算法的适用性和阈值选择对算法精度的影响，试验分析对比该算法、局部距离统计算法和基于栅格统计的最大类间方差法（OSTU）三种算法的去噪精度，处理结果如表4.15所示。从表中可以发现，对夜间拍摄的数据，采用三种方法在强弱波束下的去噪效果比较一致；但是白天拍摄的激光点云去噪结果中，基于遗传算法的去噪效果明显优于其他两种方法，且点云去噪结果的 F 值基本在 99%左右。但是白天拍摄的弱波束激光点云数据，由于受到背景噪声的影响较大，三种方法的去噪精度和效果相对较差。

表 4.15　三种算法对 ICESat-2 激光点云的去噪结果　（单位：%）

时间	轨道	基于遗传算法		局部距离统计算法		OSTU	
		强	弱	强	弱	强	弱
白天	20190101057	88.6	80.5	66.9	68.1	88.1	79.0
		92.4	88.0	57.2	57.2	87.8	89.0
		93.6	65.4	93.5	31.4	89.7	65.2
	20200502560	94.4	67.9	94.7	37.8	84.8	66.7
		90.9	68.9	82.7	34.7	86.1	63.3
		90.8	74.8	89.3	52.9	82.7	69.1
	20190725415	92.1	70.2	85.1	34.2	91.7	67.1
		92.2	57.2	91.9	28.1	89.9	59.5
		94.0	62.2	93.8	29.5	87.0	59.2
	201909251360	76.7	65.5	70.4	34.1	85.5	69.8
		86.3	66.7	58.1	31.8	81.1	69.0
		94.7	58.9	92.0	34.3	88.8	75.7

续表

时间	轨道	基于遗传算法		局部距离统计算法		OSTU	
		强	弱	强	弱	强	弱
夜间	20200422415	99.7	99.7	99.7	98.0	54.5	56.8
		99.9	99.8	94.3	68.2	59.5	57.8
		99.4	99.7	99.6	64.0	50.8	58.5
	201906021002	99.1	99.5	74.3	78.7	62.0	59.7
		99.7	99.3	58.8	81.9	59.9	61.0
		99.5	99.6	89.8	59.1	63.3	59.4
	20190930057	99.9	99.7	91.8	93.2	56.4	54.2
		99.9	99.8	96.7	83.2	56.9	58.7
		99.8	99.8	52.8	96.2	60.5	55.0
	201812261360	99.9	99.7	79.5	90.3	64.6	63.6
		99.8	99.6	65.7	88.2	62.0	62.2
		99.8	99.9	80.3	75.0	64.0	60.7

为探究影响算法精度的影响因素，试验进一步分析激光点云拍摄区域的地物覆盖类型对算法精度的影响。试验选择 30 m 地表覆盖分类图提取试验区每组激光波束的足印光斑对应的地表覆盖类型，进而分析地表覆盖类型对基于遗传算法的局部加权统计距离算法的去噪精度的影响。试验区主要包括不透水域、农田、林地、草地和水体等，针对不同地物类型分别计算每组数据的去噪结果精度，然后根据信噪比从低到高排序，获得去噪精度与地物覆盖分类的关系，如图 4.22 所示。

从以上试验结果可以发现：在每组数据中，对高信噪比的激光点云数据进行处理，得到不同地物类型间的去噪结果差异较小。但是在低信噪比条件下，林地区域的激光点云去噪精度相对较差。在水体区域，由于水体的后向散射强度较大，获取的有效光子数较多，经过去噪处理后的有效点云结果的精度较高。综合来看，激光点云的信噪比是影响去噪算法精度的主要因素。在信噪比相同的情况下，低信噪比的去噪精度在不同地物覆盖类型中波动较大，林地较差。

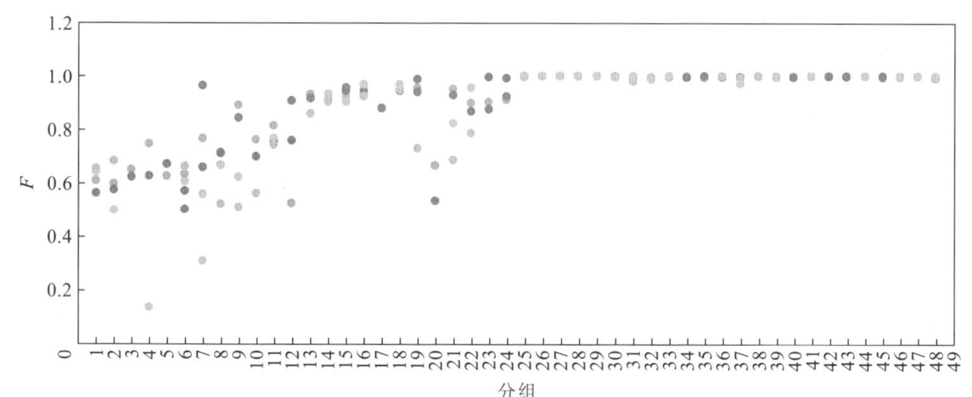

图 4.22　去噪精度与地物覆盖分类的关系图

目前对ICESat-2激光点云数据处理也开展了许多研究，主要集中在冰盖高程测量、海冰厚度测量、森林冠层高度反演、地上生物量估测等方面的探究，尤其是在冰盖厚度测量方面，利用 ICESat-2 激光点云数据监测到 0.4 cm/年的冰面高程变化。这里对ICESat-2激光拍摄不同地物地形下的点云数据进行处理，得到结果如图 4.23～图 4.26 所示。

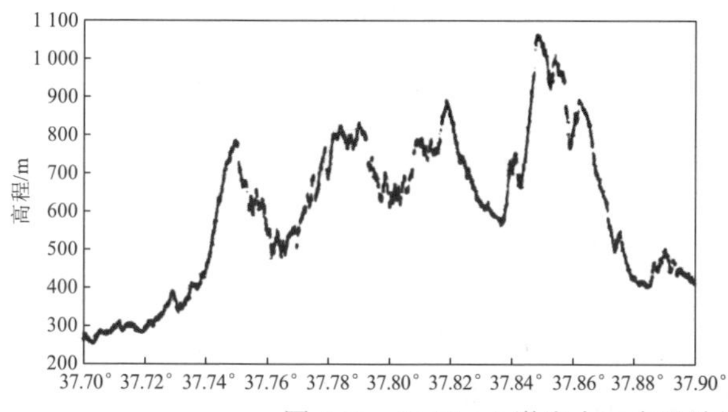

图 4.23　ICESat-2 激光点云去噪结果（山区林地）

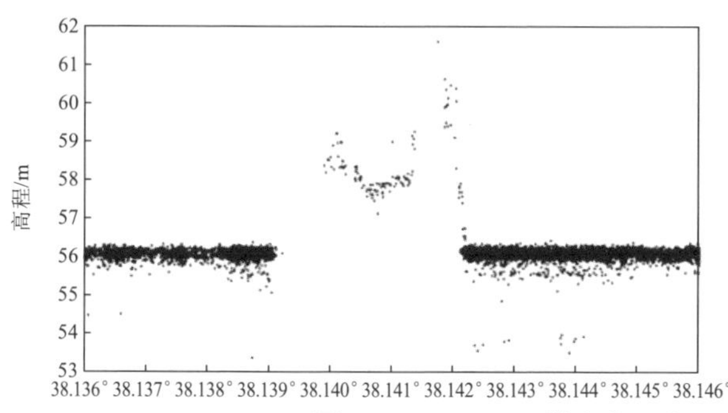

图 4.24　ICESat-2 激光点云去噪结果（水面）

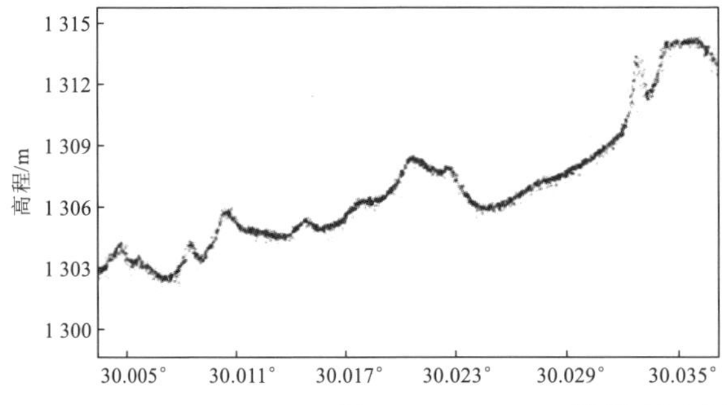

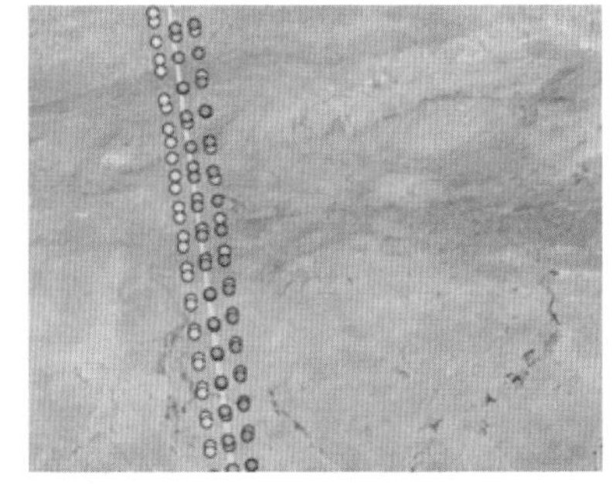

图 4.25　ICESat-2 激光点云去噪结果（沙漠）

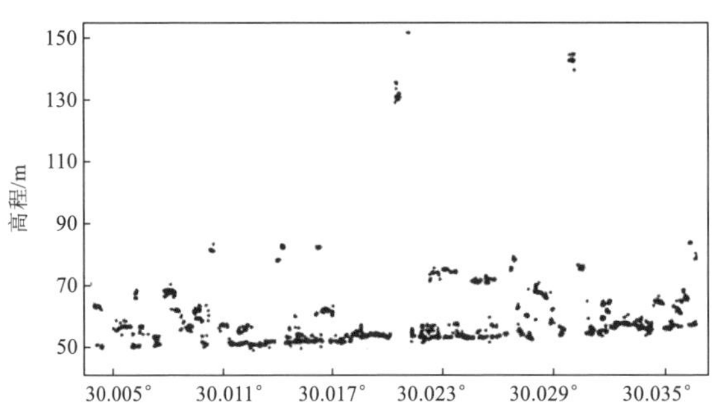

图 4.26　ICESat-2 激光点云去噪结果（城市）

4.2　激光测高在轨定标及精度验证

激光测高卫星在轨定标分为三步：首先利用基于地形匹配的方法确定激光初指向；然后利用波形匹配的方法确定较为精确的激光光轴指向；最后结合激光定标场的数据完成激光测高卫星的在轨定标任务。本节试验针对定标的三步流程和方法进行验证，包括仿真试验验证、ZY3-02 定标试验和 GF-7 定标试验。

4.2.1　基于地形约束的激光指向定标及验证

1. 仿真验证试验

仿真试验采用 1∶2000 嵩山地区和太原地区的 DEM 数据为基准，卫星仿真轨道高度为 505 km，搭载单波束对地激光测高仪，卫星运行状态及激光测高仪仿真参数如表 4.16 所示。

表 4.16　卫星运行状态及激光测高仪仿真参数

仿真次数	轨道误差/m			姿态误差/（″）			激光出射延迟/ms	激光测距时延/ns	激光测距随机误差/m
	X	Y	Z	俯仰角	滚动角	偏航角			
1	0	0	0	0	0	0	0	0	0
2	5	5	5	0	0	0	0	0	0
3	0.1	0.1	0.1	0	0	0	0	0	0
4	0	0	0	3	3	3	0	0	0
5	0	0	0	0	0	0	5	0	0
6	0	0	0	0	0	0	0	15	0
7	0	0	0	0	0	0	0	0	0.15
8	0.1	0.1	0.1	3	3	3	5	15	0.15

试验将 1∶2 000 高精度 DEM 数据作为基准输入数据，根据卫星和激光测高仪的状态参数仿真激光测高数据。基准数据包含嵩山和太原两个区域，基准地形数据如图4.27所示。仿真数据中嵩山地区的地势起伏变化较缓，仿真区域内的高程差约为 300 m，而太原地区仿真数据所在地势起伏变化在 600 m 左右，仿真激光点在地形线上分布如图 4.28 所示。

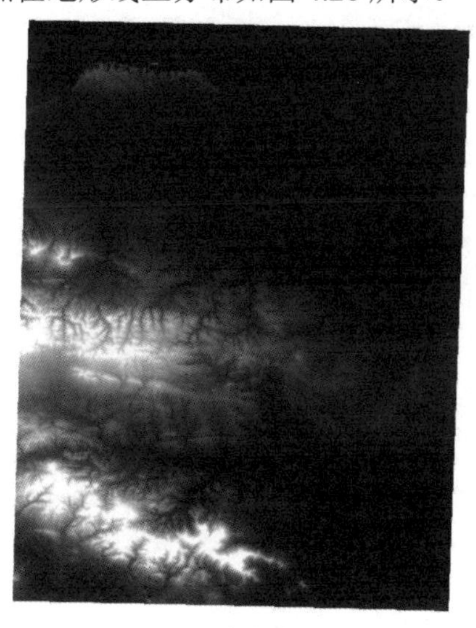

（a）嵩山地区

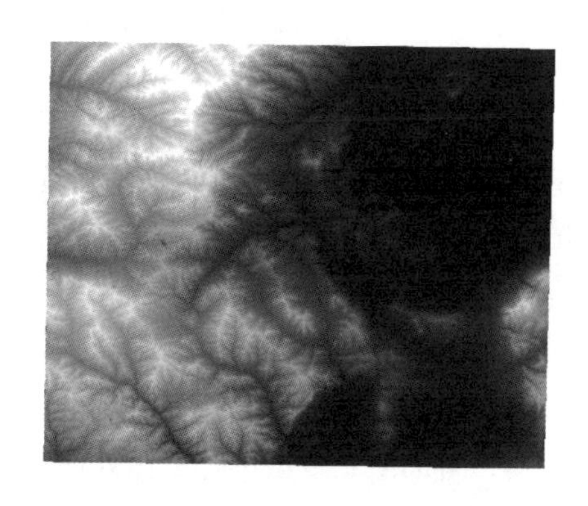

（b）太原地区

图 4.27　嵩山地区和太原地区仿真区域的地形数据

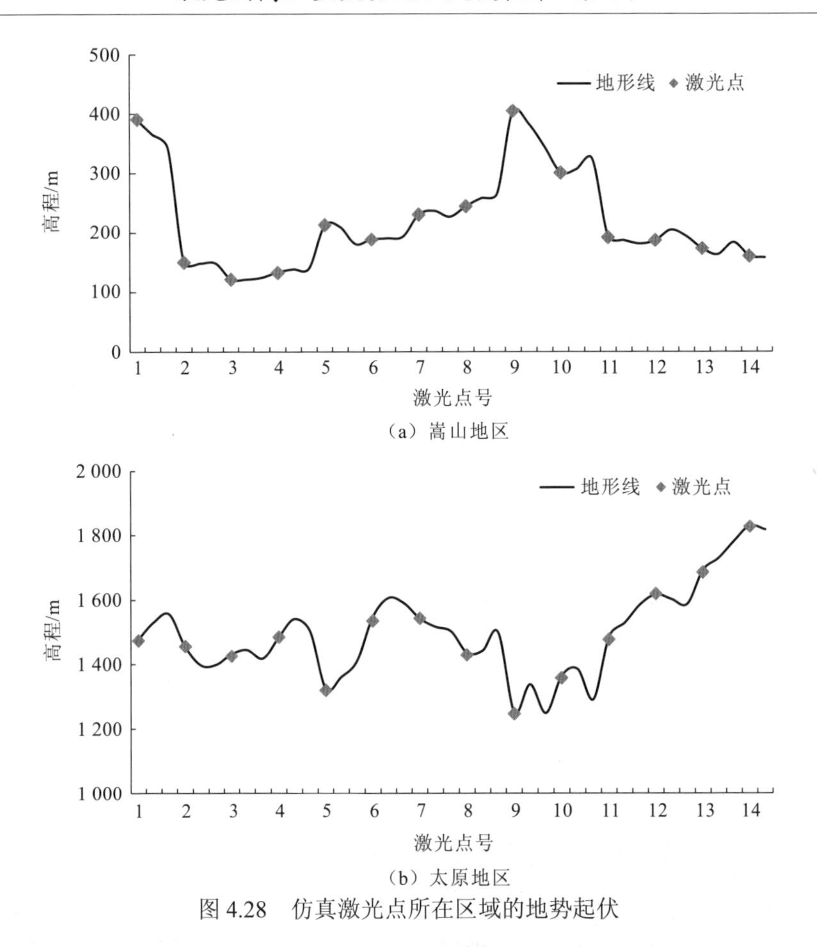

（a）嵩山地区

（b）太原地区

图 4.28　仿真激光点所在区域的地势起伏

激光出射方向定标试验分别利用 SRTM-90 和 SRTM-30 的 DEM 数据作为激光出射方向几何定标的控制源数据，约束激光器的出射指向，利用地形匹配方法对激光光束出射指向进行定标。最后利用 1∶2 000 DEM 基准数据作为控制源数据，并代入激光出射方向定标模型中，用于检验该方法的可靠性和准确性。

试验根据激光器的不同安装角分为 5 组，分别利用两个地区的 DEM 进行激光测距数据仿真，每组进行 5 次重复试验，利用 SRTM-90、SRTM-30 和 1∶2 000 DEM 对仿真的激光数据进行定标处理，得到激光出射方向的定标参数，如表 4.17 所示。

表 4.17　仿真试验检校结果汇总表　　（单位：°）

激光器安装角 (α,β)	地形数据	试验区域	第 1 次	第 2 次	第 3 次	第 4 次	第 5 次
（0.789, −0.072）	SRTM-90	嵩山	（0.794, −0.072）	（0.806, −0.067）	（0.800, −0.072）	（0.794, −0.083）	（0.806, −0.067）
		太原	（0.789, −0.083）	（0.789, −0.083）	（0.789, −0.083）	（0.789, −0.083）	（0.789, −0.083）
	SRTM-30	嵩山	（0.791, −0.067）	（0.802, −0.059）	（0.791, −0.070）	（0.791, −0.075）	（0.805, −0.059）
		太原	（0.791, −0.067）	（0.802, −0.059）	（0.791, −0.070）	（0.791, −0.075）	（0.805, −0.059）
	1∶2 000 DEM	嵩山	（0.789, −0.071）	（0.789, −0.073）	（0.790, −0.072）	（0.789, −0.074）	（0.789, −0.072）
		太原	（0.789, −0.071）	（0.789, −0.073）	（0.790, −0.072）	（0.789, −0.074）	（0.789, −0.072）
（−1.093, 0.439）	SRTM-90	嵩山	（−1.089, 0.428）	（−1.089, 0.428）	（−1.089, 0.428）	（−1.089, 0.428）	（−1.089, 0.428）
		太原	（−1.089, 0.428）	（−1.089, 0.428）	（−1.089, 0.428）	（−1.089, 0.428）	（−1.089, 0.428）
	SRTM-30	嵩山	（−1.092, 0.435）	（−1.094, 0.436）	（−1.093, 0.436）	（−1.093, 0.436）	（−1.094, 0.436）
		太原	（−1.092, 0.435）	（−1.094, 0.436）	（−1.093, 0.436）	（−1.093, 0.436）	（−1.094, 0.436）
	1∶2000 DEM	嵩山	（−1.091, 0.438）	（−1.094, 0.439）	（−1.093, 0.438）	（−1.092, 0.439）	（−1.093, 0.440）
		太原	（−1.091, 0.438）	（−1.094, 0.439）	（−1.093, 0.438）	（−1.092, 0.439）	（−1.093, 0.440）
（0.523, −0.627）	SRTM-90	嵩山	（0.528, −0.644）	（0.528, −0.639）	（0.522, −0.633）	（0.522, −0.639）	（0.522, −0.633）
		太原	（0.522, −0.633）	（0.522, −0.633）	（0.522, −0.639）	（0.522, −0.633）	（0.522, −0.639）
	SRTM-30	嵩山	（0.525, −0.628）	（0.524, −0.632）	（0.521, −0.632）	（0.521, −0.633）	（0.522, −0.632）
		太原	（0.525, −0.628）	（0.524, −0.632）	（0.521, −0.632）	（0.521, −0.633）	（0.522, −0.632）

续表

激光器安装角（α,β）	地形数据	试验区域	第1次	第2次	第3次	第4次	第5次
（0.523, −0.627）	1∶2 000 DEM	嵩山	（0.526, −0.627）	（0.524, −0.627）	（0.523, −0.627）	（0.520, −0.634）	（0.524, −0.627）
		太原	（0.526, −0.627）	（0.524, −0.627）	（0.523, −0.627）	（0.520, −0.634）	（0.524, −0.627）
（0.083, 0.894）	SRTM-90	嵩山	（0.083, 0.878）	（0.094, 0.872）	（0.089, 0.872）	（0.083, 0.878）	（0.083, 0.883）
		太原	（0.089, 0.883）	（0.089, 0.883）	（0.089, 0.883）	（0.089, 0.883）	（0.089, 0.883）
	SRTM-30	嵩山	（0.081, 0.889）	（0.083, 0.890）	（0.082, 0.887）	（0.082, 0.889）	（0.081, 0.890）
		太原	（0.081, 0.889）	（0.083, 0.890）	（0.082, 0.887）	（0.082, 0.889）	（0.081, 0.890）
	1∶2 000 DEM	嵩山	（0.083, 0.894）	（0.084, 0.894）	（0.083, 0.894）	（0.084, 0.894）	（0.083, 0.894）
		太原	（0.083, 0.894）	（0.084, 0.894）	（0.083, 0.894）	（0.084, 0.894）	（0.083, 0.894）
（−0.382, −1.002）	SRTM-90	嵩山	（−0.378, −1.011）	（−0.378, −1.006）	（−0.378, −1.006）	（−0.383, −1.011）	（−0.378, −1.006）
		太原	（−0.383, −1.017）	（−0.383, −1.011）	（−0.383, −1.011）	（−0.383, −1.011）	（−0.383, −1.017）
	SRTM-30	嵩山	（−0.383, −1.002）	（−0.383, −1.003）	（−0.381, −1.001）	（−0.386, −1.003）	（−0.383, −1.001）
		太原	（−0.383, −1.002）	（−0.383, −1.003）	（−0.381, −1.001）	（−0.386, −1.003）	（−0.383, −1.001）
	1∶2 000 DEM	嵩山	（−0.383, −1.002）	（−0.383, −1.002）	（−0.381, −1.002）	（−0.383, −1.002）	（−0.383, −1.001）
		太原	（−0.383, −1.002）	（−0.383, −1.002）	（−0.381, −1.002）	（−0.383, −1.002）	（−0.383, −1.001）

对仿真试验结果进行统计分析（表4.18）得到：利用SRTM-90的DEM数据对嵩山地区和太原地区的仿真数据进行定标处理，得到激光束定向精度平均误差分别为35.5″和36.7″，结合卫星运行状态和激光定位模型可知由此引起的水平定位误差约为87 m；而SRTM-30的DEM数据对两个地区进行定标处理后，激光束定向精度平均误差分别为15.1″和16.2″，也就是激光的水平定位误差可以控制在

40 m 以内。最后将两个地区 1∶2 000 DEM 数据返回并应用到激光出射方向的几何定标模型中，验证基于地形约束的激光几何定标方法的可靠性和激光测高过程中误差的传递特性。对激光测高数据进行几何处理后，再利用激光出射方向定标参数中偏置矩阵补偿激光测高值，得到测量值与真实地形之间的高程差分布图，如图 4.29 所示。嵩山地区的高程差均值为-2.17 m，中误差为 0.81 m；而太原地区的高程差均值为-2.22 m，标准差为 0.95 m。从激光器仿真状态来看，激光出射延迟 15 ns 引起测距系统误差约为-2.25 m，这与以上统计结果一致。

表 4.18　仿真试验误差统计表　（单位：″）

试验区域	激光指向标定误差		
	SRTM-90	SRTM-30	1∶2 000 DEM
嵩山	35.5	15.1	1.5
太原	36.7	16.2	1.6

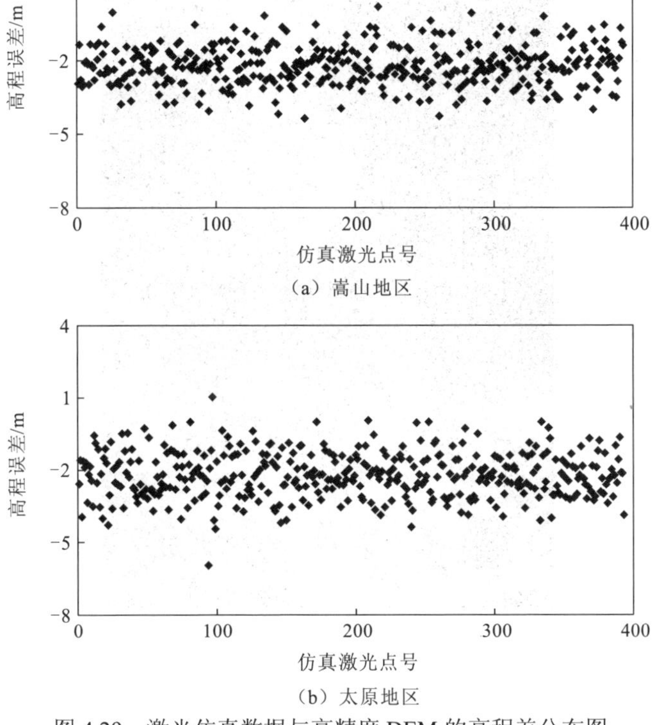

（a）嵩山地区

（b）太原地区

图 4.29　激光仿真数据与高精度 DEM 的高程差分布图

2. ZY3-02 激光定标验证试验

ZY3-02 激光出射方向定标试验共分为三部分：首轨激光数据几何定标试验、交叉轨激光几何定标试验及长周期激光几何定标试验。首轨激光数据几何定标试验主要采用真实数据验证上述定标方法的可靠性，并对激光测高几何处理精度进行初步验证；交叉轨激光几何定标试验则是采用交叉轨的激光数据进行联合定标处理，类似于机载自检校的流程，降低激光几何定标的系统残差；长周期激光几何定标试验则是采用 ZY3-02 开机后两个月的拍摄数据进行几何定标处理，分析星载激光测高系统的误差变化规律。

1）首轨激光数据几何定标试验

ZY3-02 首轨激光测高数据拍摄于 2016 年 6 月 24 日，主要覆盖我国的内蒙古地区，如图 4.30 所示，由于激光信号被云层遮挡、地表反射回波能量较低等影响，激光测距数据出现部分无效值，经过初步处理之后共获取有效激光测距数据 318 组。

图 4.30 ZY3-02 激光器几何检校区域

经过初始定位之后，得到激光点的高程曲线图，如图 4.31 所示。选择地势起伏较为明显且相邻激光点高程差异较小的区域作为试验的定标区域（图中红框区域）。

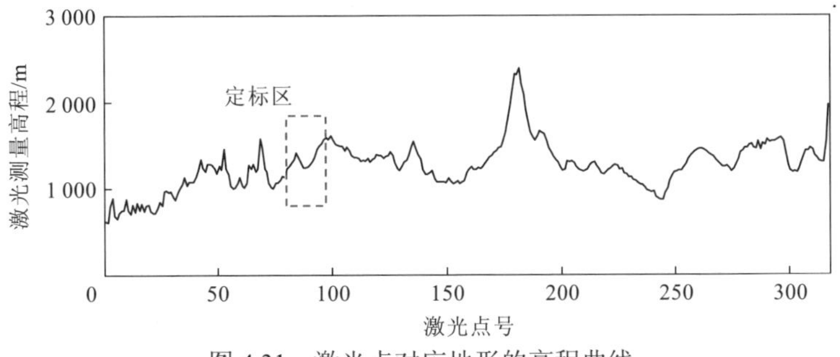

图 4.31 激光点对应地形的高程曲线

试验中首先利用首轨激光测距数据和 SRTM-DEM 地形数据对激光测高数据进行几何定标处理，并将定标参数应用到星载激光测高几何定位模型中，得到整轨激光测高数据与 SRTM-DEM 数据之间的高程误差分布，如图 4.32 所示。

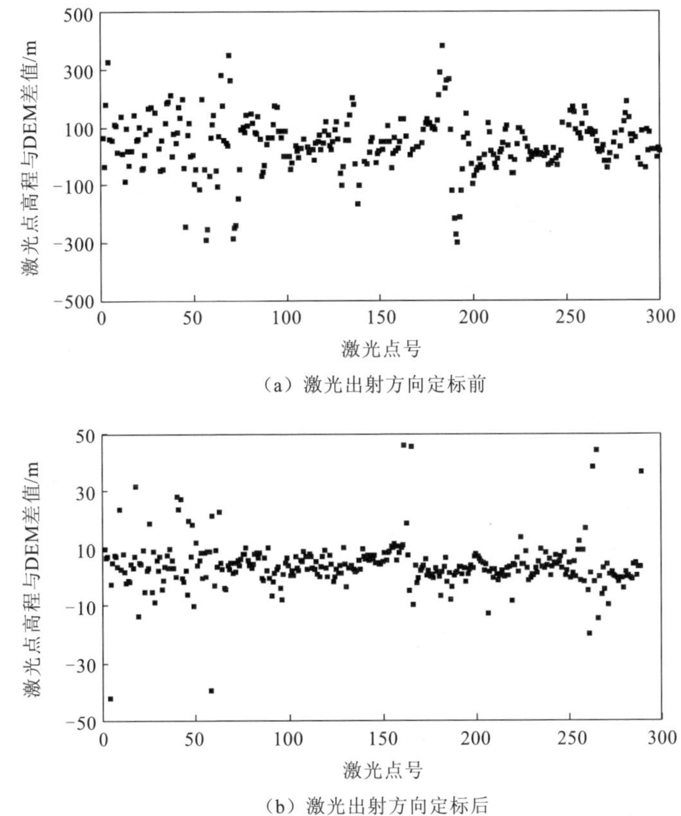

（a）激光出射方向定标前

（b）激光出射方向定标后

图 4.32 激光出射方向定标前后激光点高程与 SRTM-DEM 数据的差值分布图

根据统计结果，经过激光出射方向定标前后激光测高值与 SRTM-DEM 高程偏差的中误差由 97.2 m 下降至 8.8 m，超过 90%激光点的高程误差在[−10, 10]。本次试验并未对激光测距值进行定标，全球SRTM数据精度也难以满足星载激光测距的定标需求。通过上述试验中的高程误差降低结果，可以初步判定激光的平面定位精度得到了提升，证明基于地形匹配的激光出射方向定标方法在星载激光几何定标处理中具有可行性。

另外试验选择经过渤海海域拍摄的一组激光数据，如图4.33所示，用于验证经过激光出射方向定标后，激光足印点的高程解算精度。拍摄到海面的有效激光数据共 38 组，将激光所测地球的椭球高程转化为海拔高程后，激光点所测量海域的高程平均值为 0.5 m，标准差为 0.35 m，最大值与最小值高程之间的差异为 1.2 m。由于激光器测距系统差和风浪引起的海面随机起伏，激光测高结果依然存在一定的系统误差。但是根据试验结果可以初步推定经过激光出射方向定标后 ZY3-02 激光测高严密几何模型的准确性，同时也验证了激光出射方向定标方法在 ZY3-02 激光几何定标处理中具有可行性。

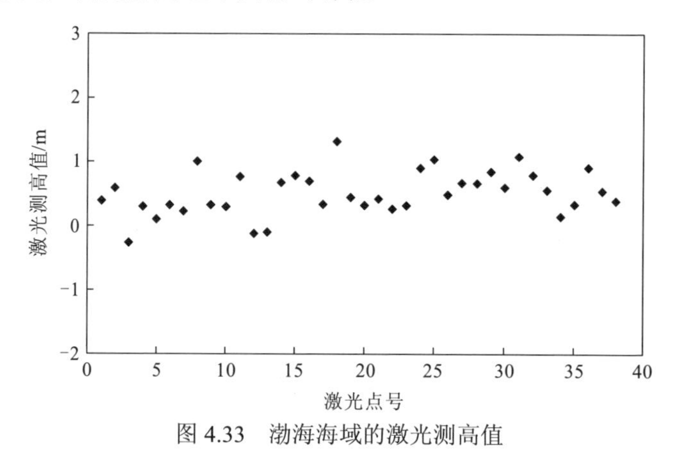

图 4.33　渤海海域的激光测高值

2）交叉轨激光几何定标试验

2016 年 8 月 3 日 ZY3-02 激光测高仪连续开机，拍摄了我国新疆地区交叉轨的激光数据，8 月 13 日拍摄的一轨激光数据与其中一轨交叉，激光数据分布如图 4.34 所示。本试验采用 8 月 3 日两轨激光数据进行定标处理，第三轨激光数据作为验证和对照数据，并选用 SRTM 数据作为地形数据的控制源，数据分布如图 4.34 中黑框区域所示。由于三轨激光数据采用同一区域的 SRTM 数据进行定标处理，可以有效避免控制源数据引入的误差。新疆地区多为沙漠地带，地表地物单一，激光回波信噪比强，有利于精确提取激光测距值，为后续激光数据几何处理及定标提供有利的结果。

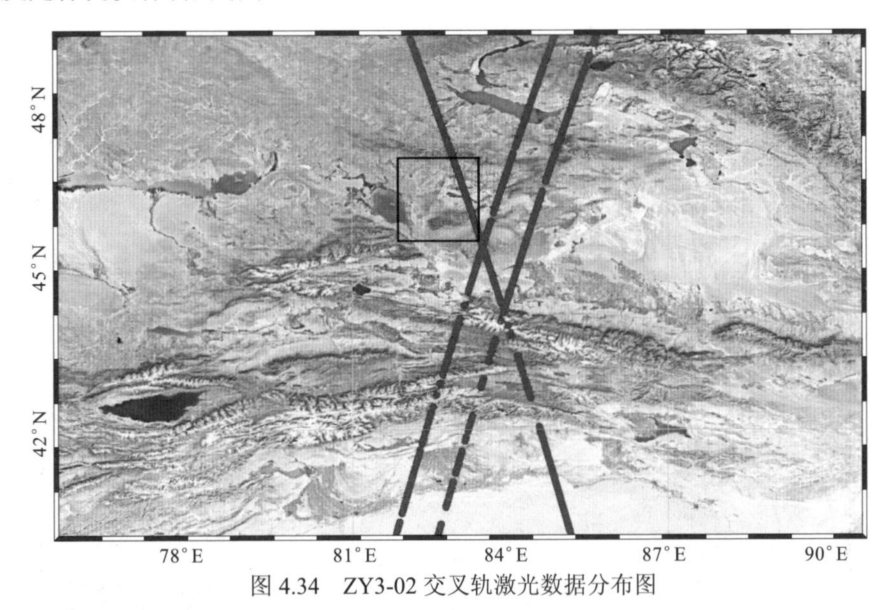

图 4.34　ZY3-02 交叉轨激光数据分布图

分别对以上三轨激光测高数据进行激光出射方向的定标处理，得到结果如表 4.19 所示。

表 4.19　交叉轨激光出射方向定标结果

轨道编号	升降轨	平面定标结果/m	
		沿轨向	垂轨向
1	降轨	3.955	3.295
2	升轨	8.852	3.296
3	降轨	6.403	0.847

通过表4.19中定标试验结果发现，经过定标以后激光足印点的定位在垂轨方向基本不存在系统偏差量。而激光足印点沿轨方向依旧存在微小偏差，这一部分误差则可能是由激光出射延迟引起的卫星姿轨测量误差导致。但是对比第三轨激光数据的定标结果后，可以发现激光足印点的定位位置在沿轨向和垂轨向存在一定偏差。为了探究以上现象，接下来试验对 ZY3-02 激光测高仪一段时间内的运行状态进行系统性定标研究。

3）长周期激光几何定标试验

ZY3-02 在轨测试期间，激光器共计开机工作 45 次，拍摄激光数据接近 2 万多组。本试验选择其中 26 轨质量较好的激光数据进行基于地形约束的定标处理，定标区域主要选择我国北方荒漠地区，控制源数据以 SRTM 数据为基准，数据分布和定标区域如图 4.35 所示。

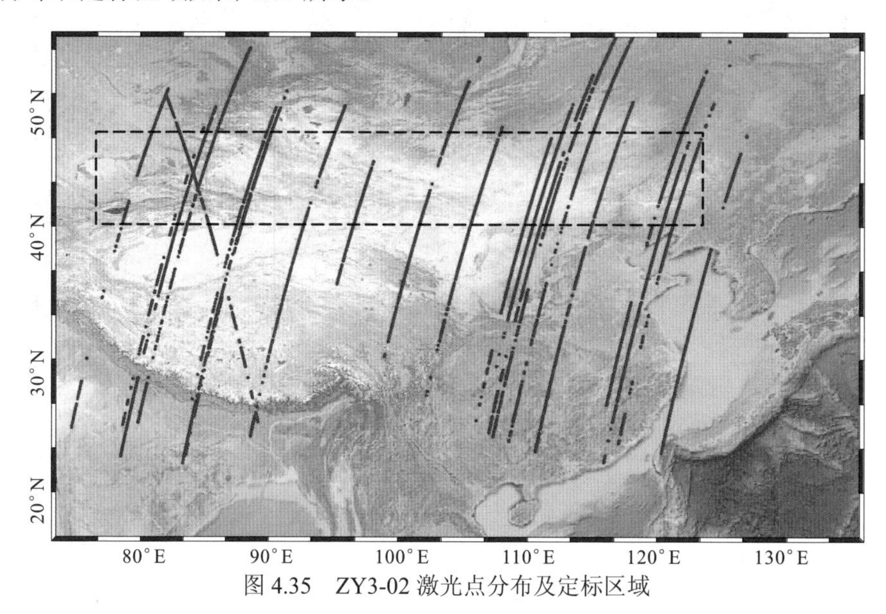

图 4.35　ZY3-02 激光点分布及定标区域

利用 ZY3-02 后续拍摄的多轨激光数据对激光出射方向定标结果进行稳定性验证。首先利用 SRTM 数据对第一轨激光数据做定标处理，再对后续拍摄的每一轨激光数据进行激光出射方向定标，激光出射光束定标参数与首轨结果进行对比，得到激光出射方向的角度偏差 $\Delta\alpha$ 和 $\Delta\beta$，结果如表 4.20 所示。

表 4.20　ZY3-02 激光出射光束定标参数结果

轨道编号	拍摄日期	激光点数	激光束定向误差/（″）	
			滚动角 $\Delta\alpha$	俯仰角 $\Delta\beta$
1	2016/7/29	55	0.654	−0.615
2	2016/7/30	58	−3.346	1.385
3	2016/7/31	56	−0.346	2.385
4	2016/8/1	70	2.654	0.385
5	2016/8/1	66	−0.346	−0.615
6	2016/8/2	46	−2.346	−0.615

续表

轨道编号	拍摄日期	激光点数	激光束定向误差/（″）	
			滚动角 $\Delta\alpha$	俯仰角 $\Delta\beta$
7	2016/8/2	55	1.654	3.385
8	2016/8/3	32	1.654	0.385
9	2016/8/3	68	−3.346	−4.615
10	2016/8/7	72	−0.346	−2.615
11	2016/8/8	60	0.654	0.385
12	2016/8/14	49	−1.346	1.385
13	2016/8/15	61	1.654	0.385
14	2016/8/16	42	1.654	−0.615
15	2016/8/16	48	1.654	0.385
16	2016/8/17	57	0.654	−5.615
17	2016/8/18	61	−0.346	1.385
18	2016/8/19	66	−3.346	4.385
19	2016/8/22	73	0.654	2.385
20	2016/8/24	53	−2.346	2.385
21	2016/8/27	54	−0.346	2.385
22	2016/9/1	69	2.654	−3.615
23	2016/9/5	45	0.654	−2.615
24	2016/9/10	32	0.654	0.385
25	2016/9/11	75	0.654	0.385
26	2016/9/22	74	−0.346	−2.615

激光出射方向定标参数中滚动角相对误差最大达到 3.3″，而俯仰角相对误差最大达到 5.6″，由此引起的激光点水平定位误差为 20 m 左右。为了更加清楚地表现激光出射方向定标结果的稳定性，采用误差椭圆来表示以上 26 轨定标结

果，如图 4.36 所示。首先将以上 26 组定标参数分别应用到星载激光几何定标模型中，用于补偿同一个激光足印点的定位误差，便可以得到激光定位误差补偿后的偏差分布椭圆。

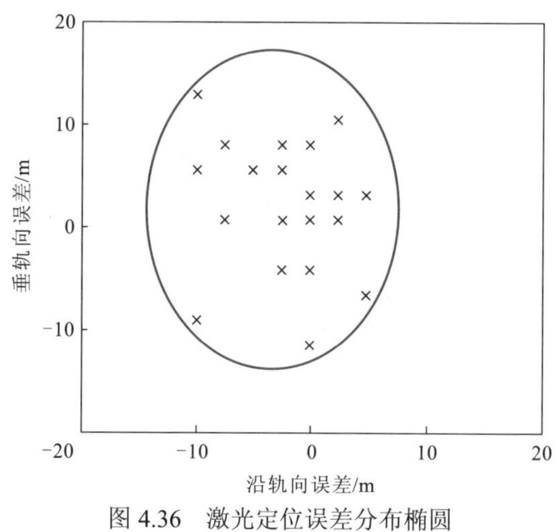

图 4.36　激光定位误差分布椭圆

经过激光定标参数补偿后的定位误差呈现随机分布，偏差最大达到 20 多米。由于受到 SRTM 地形数据的分辨率限制，激光出射方向定标精度难以继续提升。另外受 ZY3-02 激光器自身局限，缺少标识激光束出射方向的设备；而且激光器作为试验载荷，平台各载荷之间的固连安装稳定性相对较差，这些误差项都会引起不同轨之间激光数据的定标结果存在差异。

4.2.2　基于波形匹配的激光几何定标及验证

本小节验证试验包括仿真试验、ICESat/GLAS 激光定标试验等。

1. 基于波形匹配的激光足印定标仿真试验

试验数据来源于国际摄影测量与遥感学会（International Society for Photogrammetry and Remote Sensing，ISPRS）网站，在德国斯图加特西南的一小片区域，由机载 LiDAR 测量的点云数据生产的数字表面模型（DSM），数据平面分辨率为 0.25 m，高程精度达到 0.15 m。试验数据图如图 4.37 所示。

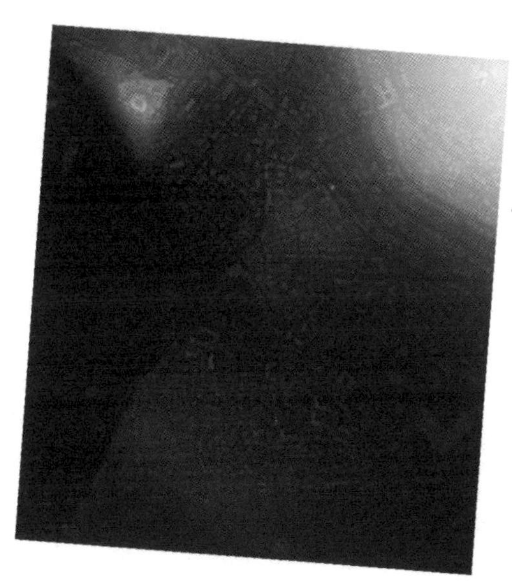

图 4.37　试验数据图

以高精度 DSM 数据为基准底图，借助星载激光测高系统链路仿真获取卫星的运行状态和激光测高仪工作环境，相关仿真参数见表 4.21。由此代入激光回波数据仿真模型得到 7 组激光回波仿真数据，如图 4.38 所示。

表 4.21　激光测高卫星仿真参数

仿真参数项	数值
卫星轨道高度/km	505
卫星定轨精度/m	0.2
姿态测量精度/（″）	3，3，3
激光出射频率/Hz	40
激光出射时延/ms	5
发射脉冲宽度/ns	7
激光束发散角/mrad	0.1
激光信噪比/dB	>30

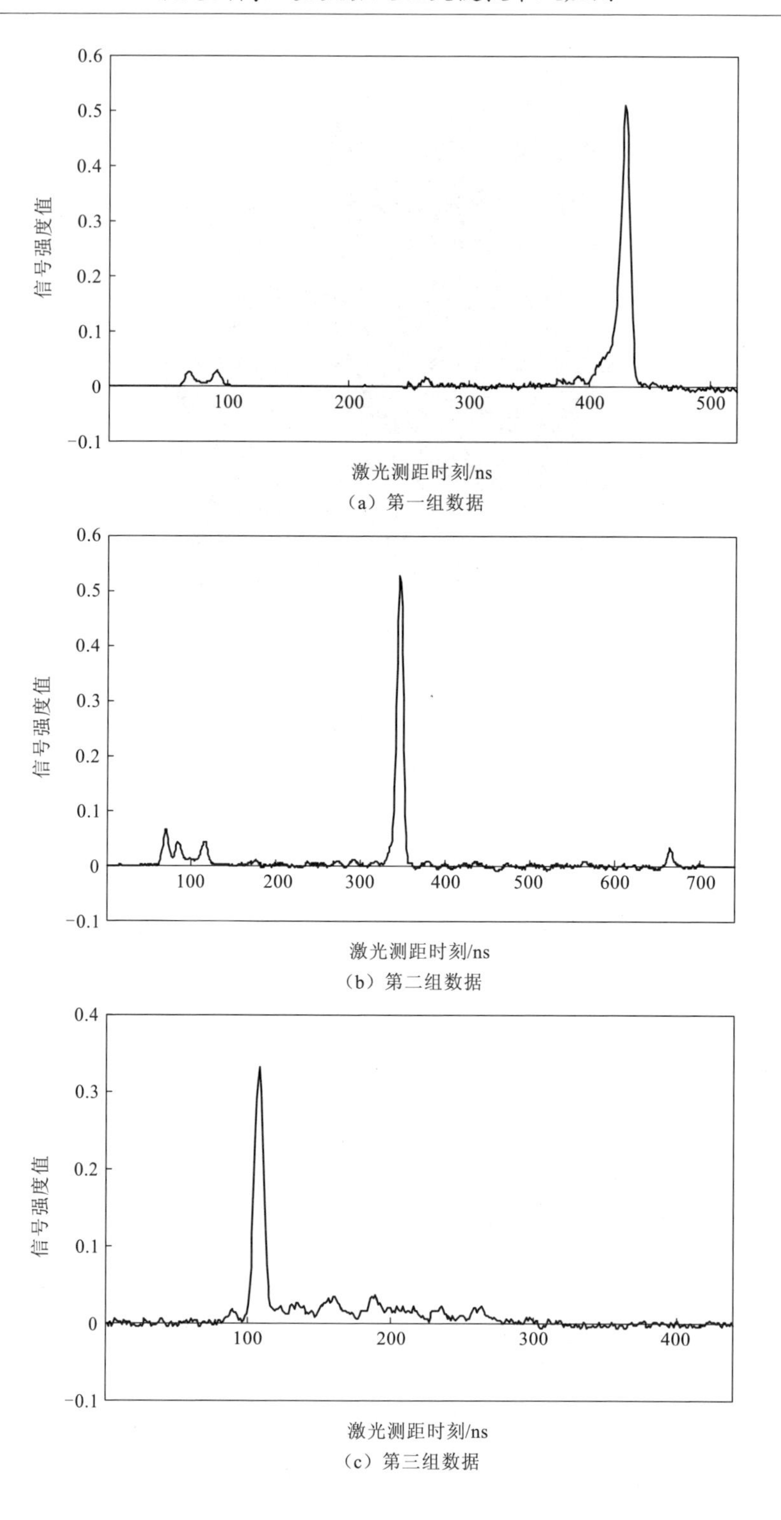

0.6
0.5
0.4
0.3
0.2
0.1
0
−0.1
信号强度值
100
200
300
400
500
激光测距时刻/ns
(a) 第一组数据
0.6
0.5
0.4
0.3
0.2
0.1
0
−0.1
信号强度值
100
200
300
400
500
600
700
激光测距时刻/ns
(b) 第二组数据
0.4
0.3
0.2
0.1
0
−0.1
信号强度值
100
200
300
400
激光测距时刻/ns
(c) 第三组数据

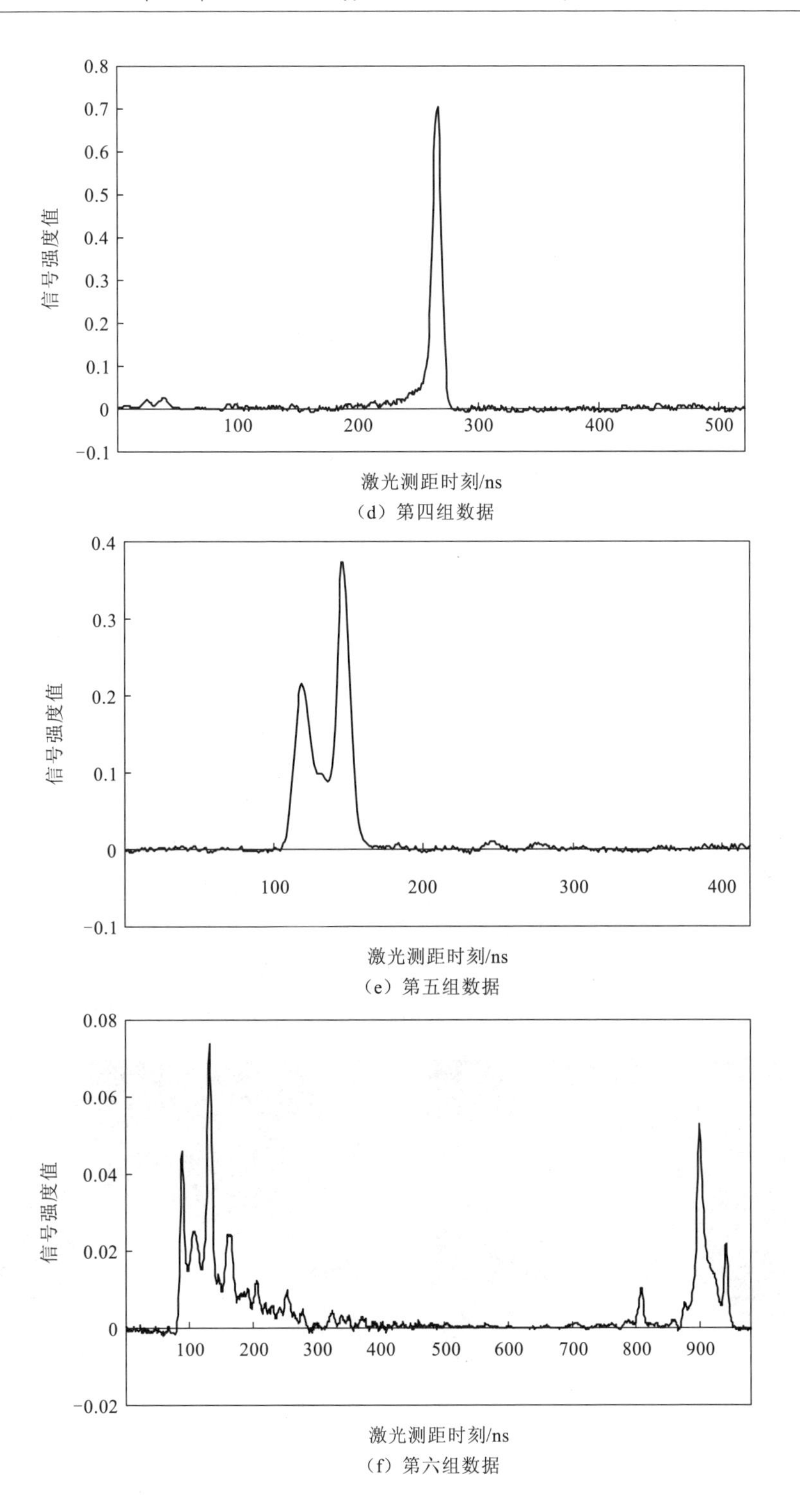

（d）第四组数据

（e）第五组数据

（f）第六组数据

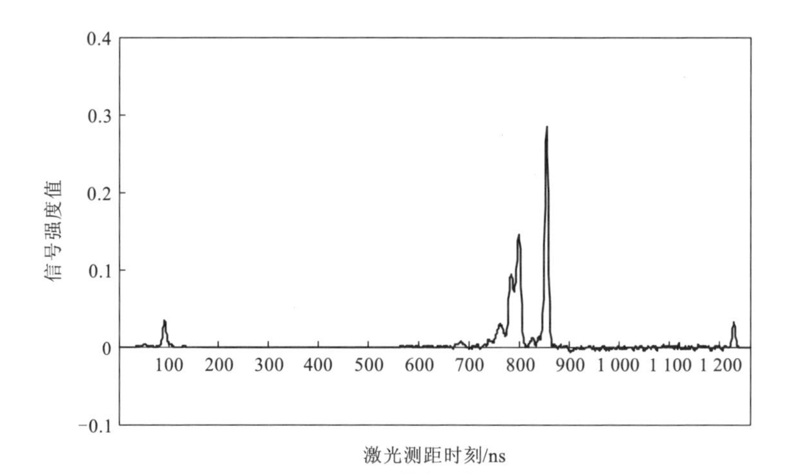

（g）第七组数据

图 4.38　激光仿真回波数据

理论上分析，基于激光波形匹配的几何定标方法要求光斑探测范围内存在一定地形变化或者多个反射地表，而建筑物密集的城区是试验该方法的最好区域。因此在激光回波数据仿真的基础之上，又进行激光波形匹配试验，通过回波波形的相似性来判定激光的平面位置，用于分析激光波形匹配的几何定标方法的适用性。

在星载激光实测回波数据有限的情况下，为了进一步验证基于波形匹配的激光几何定标方法，试验以德国斯图加特地区的高精度DSM数据和以上仿真激光回波数据为基准，并以仿真激光点坐标为中心向四周扩散扫描，遍历50 m×50 m区域范围，并以每一个格网为中心，输入表4.21中卫星仿真运行状态参数值，逐个格网仿真激光回波数据，然后将此次仿真激光回波数据与对应激光回波数据进行匹配分析，便可以得到激光回波波形匹配相似度空间分布情况，如图4.39所示。

（a）第一组数据

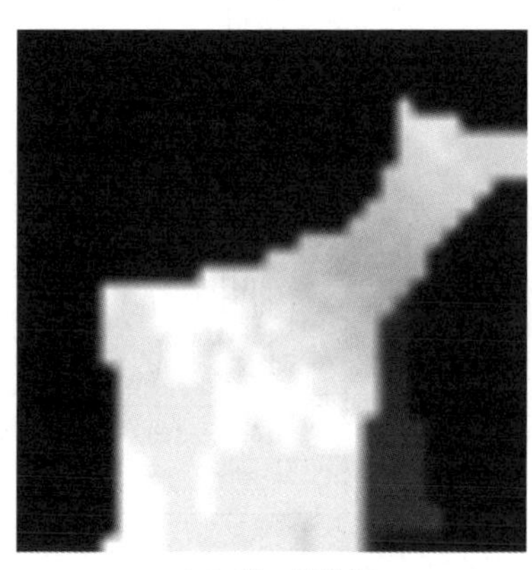
（b）第二组数据

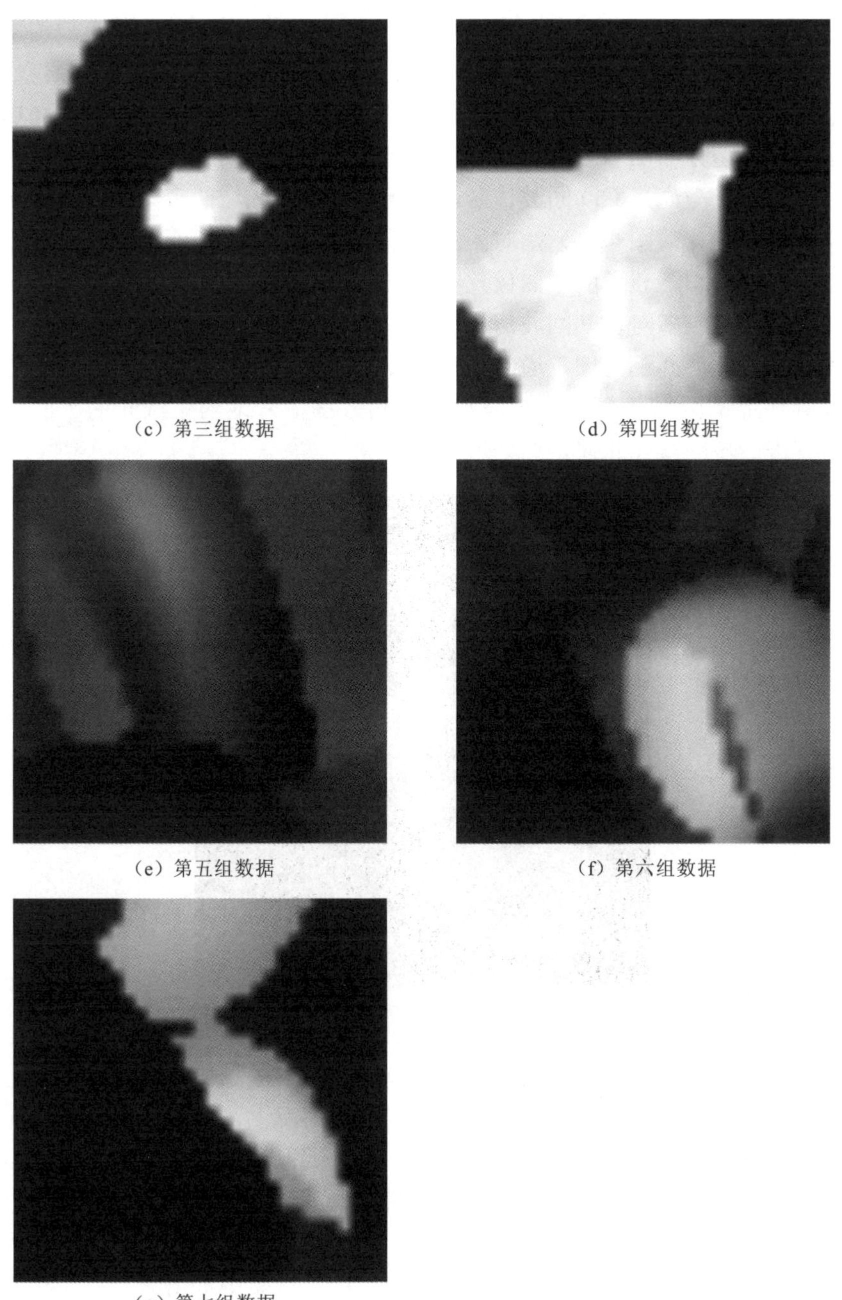

（c）第三组数据

（d）第四组数据

（e）第五组数据

（f）第六组数据

（g）第七组数据

图 4.39　激光回波波形匹配相似度空间分布图

通过以上试验可以发现，利用波形匹配可以在平面内一定范围有效约束激光点的位置，但是仿真激光点（3）和（5）的约束范围存在一些差异。激光点（3）回波信号包含 1 次主峰，从图 4.40 中可以发现激光光斑能量主要照射在高层建筑物顶端，其周边分布的多为底层建筑物，这就使激光回波信号在这一区域存在特异性。但是对于激光点（5）回波信号，激光光斑照射区域的多个平面属于大面积连续平坦的建筑物（图 4.41），对回波信号仅包含主回波波峰的激光测量数据很难做波形匹配处理，获取的平面位置精度较差，不适合做激光几何定标。另外激光回波波峰次数较多时，其回波信号中每一个波峰对应能量较低，信噪比较弱，同样不利于做波形匹配处理。通常激光回波波峰次数为 2～4 次时，多层地表的高程差异明显的区域，可以通过波形匹配的方法很好地约束激光的平面位置坐标，适宜进一步的激光几何定标处理。

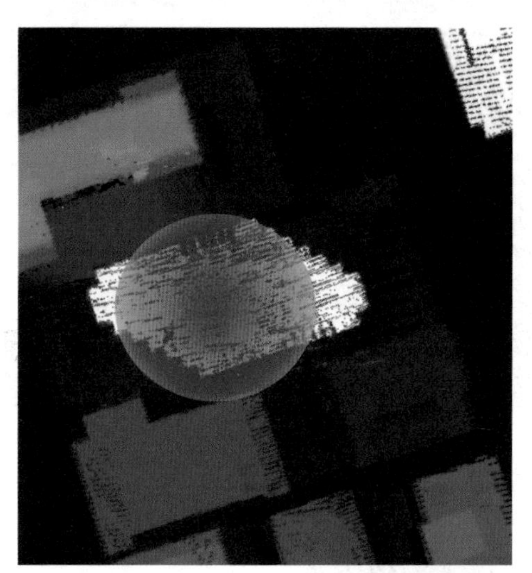

图 4.40　仿真激光点（3）足印光斑在 DSM 上的位置

单个激光点的波形匹配仅能在某一个方向或一定区域内对激光点位置进行约束，难以准确获取激光点的真实位置坐标。一般情况下，对时间内星载激光拍摄的小范围数据，其测量随机误差可以忽略不计。因此将以上 7 组激光点的波形匹配结果进行筛选，然后进行叠加分析处理得到激光点平面位置的相关度分布图（图 4.42）。最后提取图像中相关度最高点，并利用二次曲线拟合平面内最优的位置坐标，以此来确定最终激光点的平面位置坐标。试验中提出激光点（5）的相关性强弱图，对其余 6 组数据进行叠加分析和拟合处理后，得到激光点的定标位置与真实值偏差约为 0.45 m。

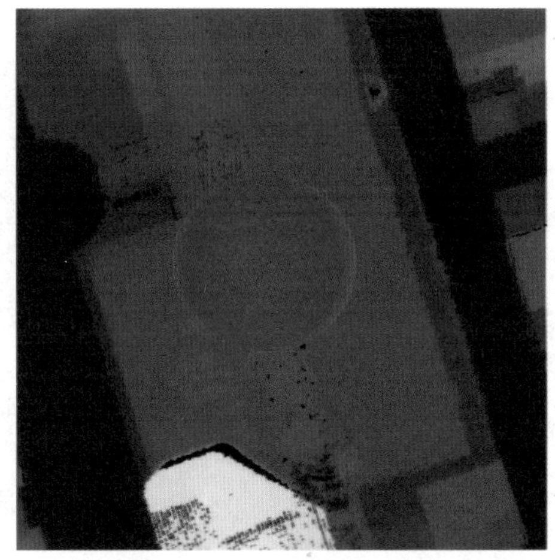

图 4.41　仿真激光点（5）足印光斑在 DSM 上的位置

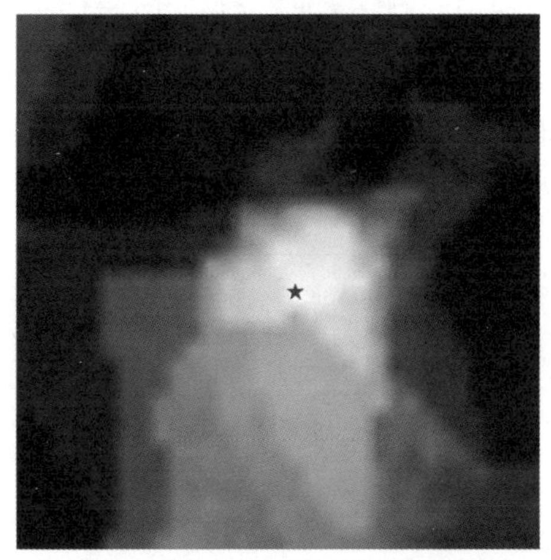

图 4.42　激光波形匹配的定标结果

2. ICESat/GLAS 激光测高定标试验

利用已知区域高精度地形数据，通过仿真激光波形数据和 ICESat/GLAS 测量激光数据进行波形匹配，获取激光光斑的平面位置，由于缺少卫星测量辅助数据，试验中仅通过激光的多次回波波形验证其相对测高精度。试验中激光数据 ICESat/GLAS 拍摄于 2005 年 2 月 24 日，采用激光点对应加拿大多伦多地区大约 1 km×1 km 的高精度 DSM 数据，数据平面分辨率为 0.25 m，高程精度为 0.15 m，试验数据如图 4.43 所示。

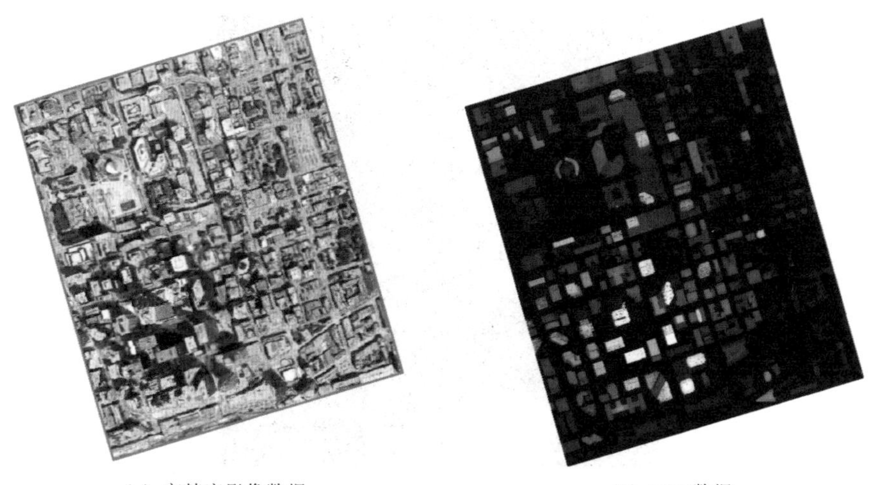

（a）高精度影像数据　　（b）DSM数据

图 4.43　试验高精度影像数据和 DSM 数据

试验区域包含 8 组有效 ICESat/GLAS 激光回波数据，由于高精度 DSM 数据和 ICESat 激光数据的测量时间存在差异，通过激光波形匹配方法筛选出其中 4 组相似度较高的激光点数据，如图 4.44 所示。

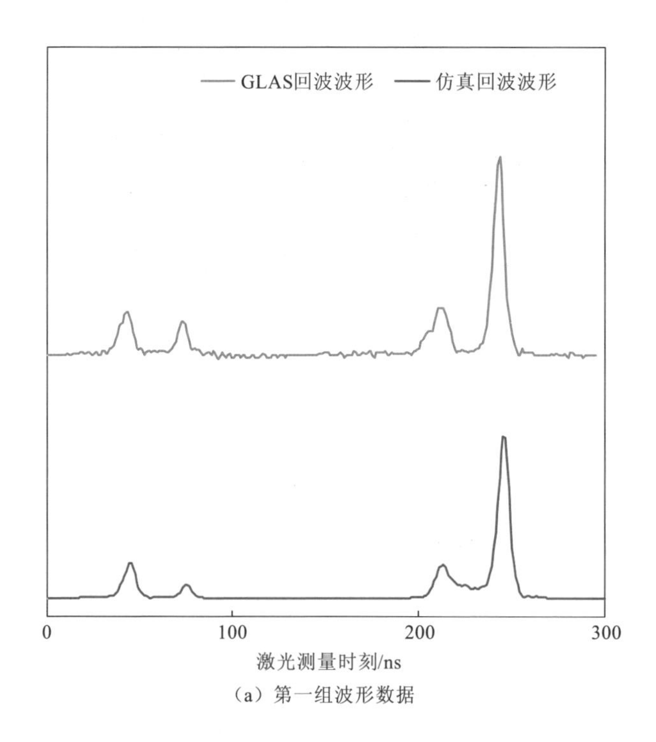

（a）第一组波形数据

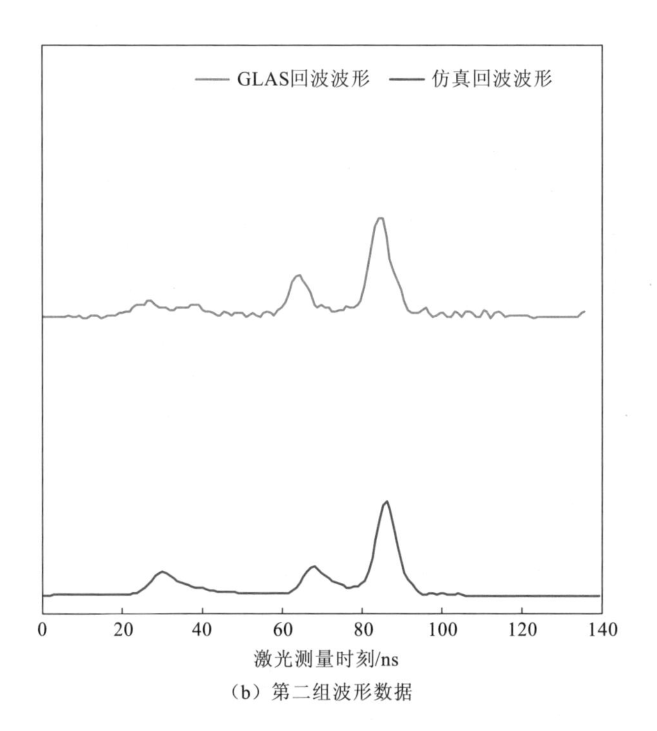

（b）第二组波形数据

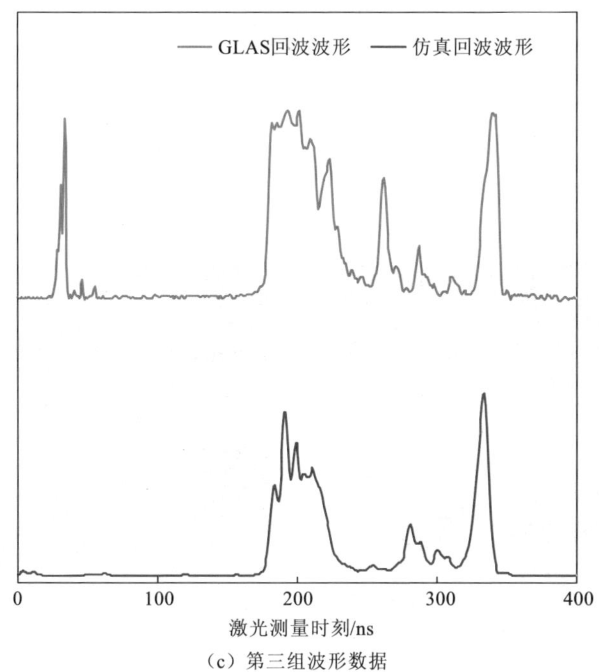

（c）第三组波形数据

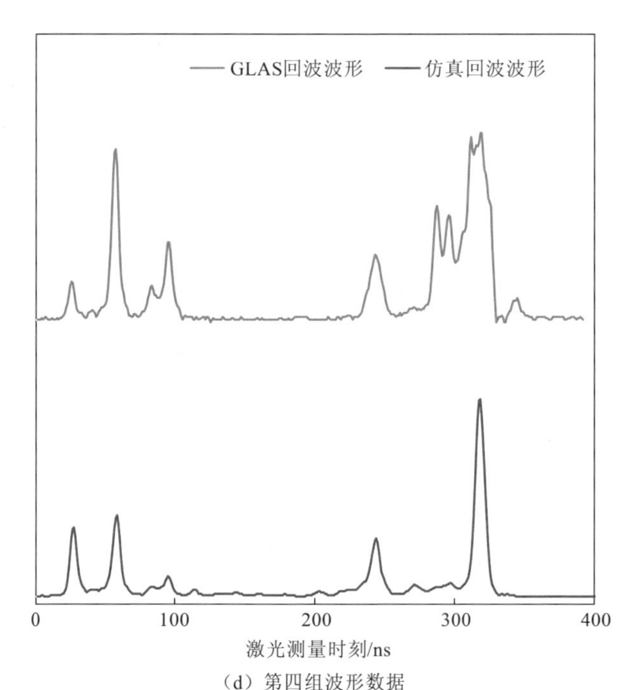

（d）第四组波形数据

图 4.44　GLAS 激光回波波形和仿真回波波形

利用基于波形特征参数的激光回波匹配方法，得到以上 4 组 GLAS 激光回波数据与仿真结果的匹配度较高，但是其中部分回波信号的强度依旧无法与地物匹配成功，地表地物的变化导致仿真模型与 GLAS 激光回波波形存在差异，如城市绿化植被季节交替、建筑物变迁等。图 4.45 是 4 组激光回波波形匹配相似度空间分布图。

（a）第一组数据

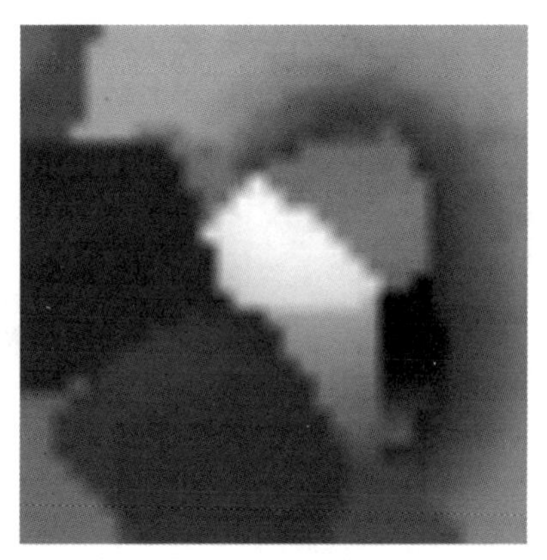

（b）第二组数据

（c）第三组数据

（d）第四组数据

图 4.45　激光回波波形匹配相似度空间分布图

对以上数据进行叠加分析得到基于波形匹配的 GLAS 激光指向定标结果，如图 4.46 所示。激光回波波形匹配相似度较高区域集中在距离 GLAS 定位点约为 5 m 的圆内，而利用二维曲面拟合得到激光定位最优解如图 4.46 中红色五角星位置所示，最优解位置坐标距离 GLAS 激光定位点坐标约为 4.6 m，这个误差非常接近 GLAS 的理论激光指向误差 1.5″（平面定位误差约为 4.4 m）。

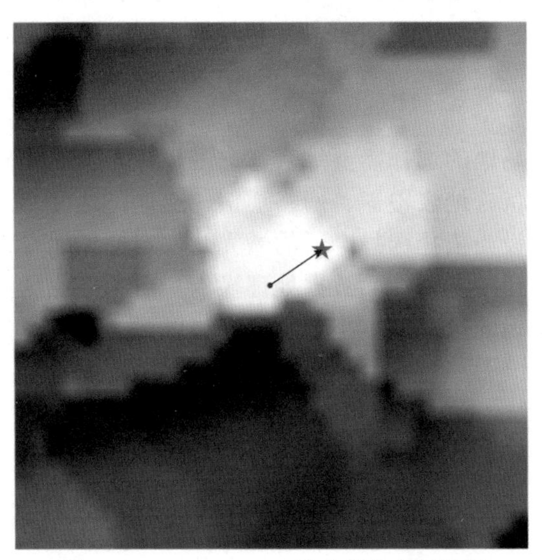
图 4.46　ICESat/GLAS 激光指向定标结果

由于缺少 ICESat 的精度定轨数据，现有数据无法支撑激光测距精度的验证试验。试验利用以上数据中 GLAS 激光点 1，并结合激光波形匹配的试验结果进行激光相对测高的精度验证。该组激光回波信号共包含 4 次波峰，通过波形分解得到 GLAS 激光回波和仿真波形的 4 次波峰对应时间间隔，如表 4.22 所示。

表 4.22 ICESat/GLAS 激光相对测高的精度验证结果 （单位：ns）

激光波形	第 1 次与第 2 次回波间隔	第 2 次与第 3 次回波间隔	第 3 次与第 4 次回波间隔
ICESat/GLAS	30.906	138.577	31.241
仿真波形	32.561	138.564	29.576

激光波形中 4 个回波波峰相对时间解算误差平均值约为 1.11 ns，误差部分包含了激光波形解算误差及地形变化引起的误差等。由于激光波形是信号往返传播，激光的相对测高误差包含双向测距误差，而由以上试验结果得出激光相对测高误差大约为 0.166 m。

4.2.3 星载激光场地定标及验证

基于特定场地的星载激光测高定标是获取激光地面控制数据最有效的方法，本小节共进行三组验证试验。第一组试验通过仿真模拟不同的探测器终端在特定场地的布设情况，来优化场地定标的效率；第二组试验结合 ZY3-02 在轨定标开展验证试验；第三组试验对 GF-7 在轨定标场地定标开展验证试验。

1. 激光定标场探测器布设论证试验

激光几何定标场地的选择需要综合考虑卫星激光器工作模式、场地气候、土地权属、地势起伏、地表覆盖、网络通信、交通可达性、人为活动等因素，同时以现有基础建设为依托选择合适的激光几何定标场地。为了保障卫星信号具有较强信噪比，还要方便地面数据处理操作和后期外业测量工作，激光定标场需要选择空旷平坦的地势。本小节主要探讨以下 4 种地形条件下建立激光定标场的优劣。

我国星载激光测高仪发射信号的频率较低，在地面相邻激光光斑中心相隔较远，激光探测器的布设位置需要结合轨道预测数据，提前在激光拍摄位置一定范围内布设探测器。由于卫星轨道预测精度和激光出射指向的定标精度对放射状布设探测器的精度影响较大，通过仿真模拟探测器布设不同密度对激光光斑定标精度的影响进行分析。

激光定标场的大小假定为 100 m×100 m，定标场内探测器的布设宽度为 1 m，设定格网宽度为 5～15 m，由此得到激光光斑中心提取精度与模拟光斑中心的误差统计如表 4.23 所示。

表 4.23 激光光斑中心提取误差统计结果

定标器宽度/m	格网宽度/m	探测器节约百分比/%	光斑中心提取中误差/m	
			x 方向	y 方向
1	5	64	0.177 78	0.180 134
1	6	69	0.199 599	0.218 669
1	7	73	0.233 281	0.229 142
1	8	77	0.251 201	0.259 376
1	9	79	0.259 507	0.249 067
1	10	81	0.296 193	0.271 867
1	15	87	0.330 002	0.337 515

由以上试验可以发现，格网状布设激光探测器在保障光斑提取精度的前提下，提高定标设备的利用效能，极大地节约定标设备的成本。

2. ZY3-02 激光测高几何定标试验

2016 年 6 月 24 日 ZY3-02 激光器首次开机测试，成功获取第一轨激光对地观测数据，三个月的时间激光器共开机工作 44 次，拍摄激光数据 3.5 万组，与此同时对激光数据的处理及在轨几何定标工作也相继展开。

ZY3-02 是我国首颗搭载对地激光测高仪的卫星，对激光载荷的定标方法多借鉴于美国 ICESat/GLAS 的经验，通过地面布设可接收激光信号的红外探测器，探测卫星发射的激光束准确位置和能量分布。由于卫星轨道重访周期较长，星载激光器的拍摄频率低，短周期内激光束照射到地面同一区域的可能性较低，激光几何定标的场地选择不同于卫星光学载荷定标场，激光定标场不宜选择固定场地。另外 ZY3-02 激光测高数据无波形信息，其回波信号受到云层遮挡、地表反射能量较弱时，极易出现激光测距数据为无效值。因此激光探测器定标场地的选择需要综合考虑天气、地表地物、地势起伏、交通可达性等因素。我国内蒙古地区的戈壁滩是星载激光定标场的最佳选择，其地表多为粗砂、砾石覆盖的硬土层荒漠地形，地表缺水植物稀少，而且地势起伏较缓。

2016 年 8 月，国土资源部国土卫星遥感应用中心（原国家测绘地理信息局测绘卫星应用中心）、武汉大学、中国科学院安徽光学精密机械研究所等多家单位协同开展并完成了 ZY3-02 激光在轨几何定标任务。激光探测器定标场选定在内蒙古锡林郭勒西南的戈壁滩，场地周边的环境如图 4.47 所示。

图 4.47　激光探测器定标场环境

激光定标场根据预测激光点的拍摄位置分为多个足印光斑捕捉区，每一个激光足印点捕捉区内激光探测器按照均匀的空间格网布设，激光探测器的信号响应能量被量化为 8 级，0 级表示无信号响应。ZY3-02 激光足印光斑的设计直径为 50～70 m，由于大气的散射效应，激光光斑的能量分布范围将被拓宽。为了能够更好地捕捉到激光足印光斑位置，而且较为详细地探测光斑能量分布，不同激光足印点捕捉区内探测器的间隔设为 10～20 m。图 4.48 是其中一个捕捉区内探测到的激光足印点能量分布图。

（a）激光靶标布设

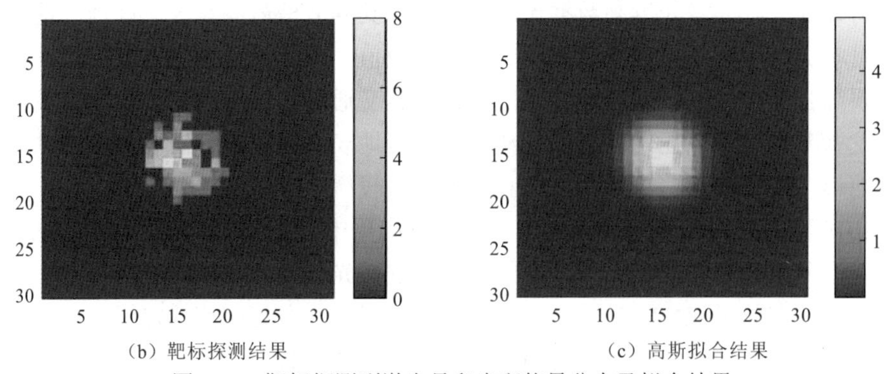

（b）靶标探测结果　（c）高斯拟合结果

图 4.48　靶标探测到激光足印光斑能量分布及拟合结果

由图4.48可以发现：激光足印光斑的能量分布相对主波能量的高斯分布已发生较大变化。在提取激光光斑质心时首先将图中噪声点剔除，再针对中心区域的探测器响应情况建立激光足印光斑的能量分布矩阵，结合激光探测器辐射能量等级对应的能量值，进行二维高斯拟合得到激光足印光斑的质心位置坐标。以解算的激光光斑质心坐标为控制点，利用激光几何定标模型便可以求解卫星激光器的测距定标值 t 和激光出射指向定标矩阵 $\boldsymbol{R}(\varphi, \omega)$。

3. GF-7 激光测高几何定标试验

2019 年 11 月 3 日 GF-7 成功发射，卫星搭载双线阵立体测绘相机和两波束激光雷达等有效载荷，用于获取高空间分辨率光学立体观测数据和高精度激光测高数据。2020 年 6 月自然资源部国土卫星遥感应用中心组织相关单位在内蒙古锡林郭勒开展了激光雷达在轨定标试验。

在完成激光足印光斑的位置预报之后，将预测激光足印光斑的拍摄位置分为多个足印光斑捕捉区，选择合适的场地在捕获区内布设探测器。两波束激光雷达同时开展定标试验，每个光斑捕获区的场地大小约为 400 m×150 m，探测器间隔设定为 5～8 m。激光定标外场环境和定标探测器终端如图 4.49 所示，该区域地势平坦，多为戈壁和低矮的草场。

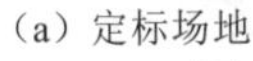

（a）定标场地　　（b）探测器终端

图 4.49　激光定标场地及探测器终端

外业作业过程中定标探测器的朝向一致性难以保障，探测器终端的辐射也有差异，导致探测器终端获取的激光信号强度存在不一致性，直接影响激光足印中心提取精度。为此试验过程中将探测器的有效信号触发阈值调低，新一代激光定标设备终端可以实时记录太阳辐射强度的变化，如图 4.50 所示。

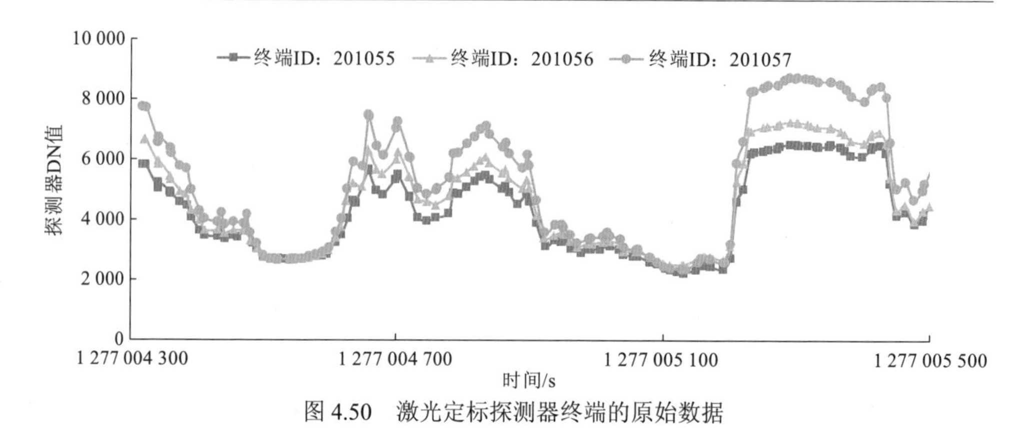

图 4.50　激光定标探测器终端的原始数据

太阳辐射强度的变化可以引起探测器终端记录信号强度出现起伏，同一时刻太阳照射到探测器终端的辐射强度一致，基于此假设条件，对每个探测器的辐射进行相对一致性检校。

在探测器有效信号采集范围内，不同终端采集信号强度呈线性变化关系，利用线性回归分析模型得到一致性检校模型：

$$y = A_0 y_0 + K \tag{4.13}$$

式中：y_0 为基准终端的信号强度值；A_0 为一次项系数；K 为常数项系数。以探测器 201055 的终端为参考基准，得到不同探测器的线性回归结果，如图 4.51 所示。

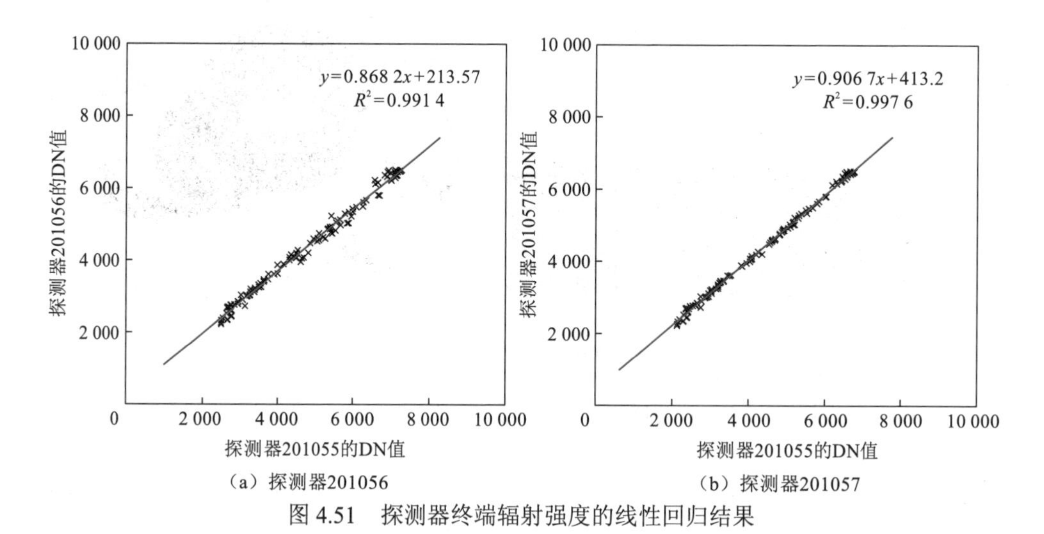

图 4.51　探测器终端辐射强度的线性回归结果

对不同探测器终端进行相对一致性检校，得到结果如图 4.52 所示。

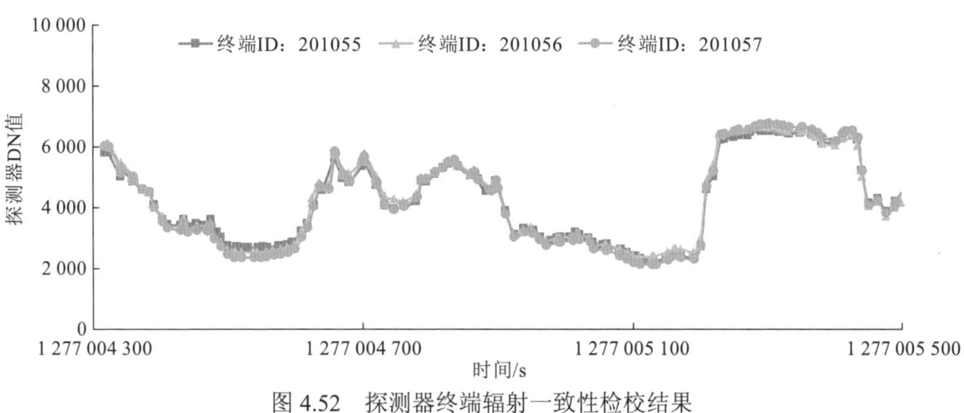

图 4.52　探测器终端辐射一致性检校结果

由于激光长距离传播受到大气散射和折射的影响，激光足印光斑的能量分布相对主波能量的分布发生变化。在轨定标数据处理时，首先剔除探测器终端的误触发信号，筛选出有效探测器信号进行辐射一致性检校，保证探测器终端的辐射一致性不低于90%，再进行高斯拟合得到激光足印中心的位置坐标，如图4.53所示。将解算的激光足印中心坐标作为控制点，便可以求解卫星激光测高的几何定标参数。

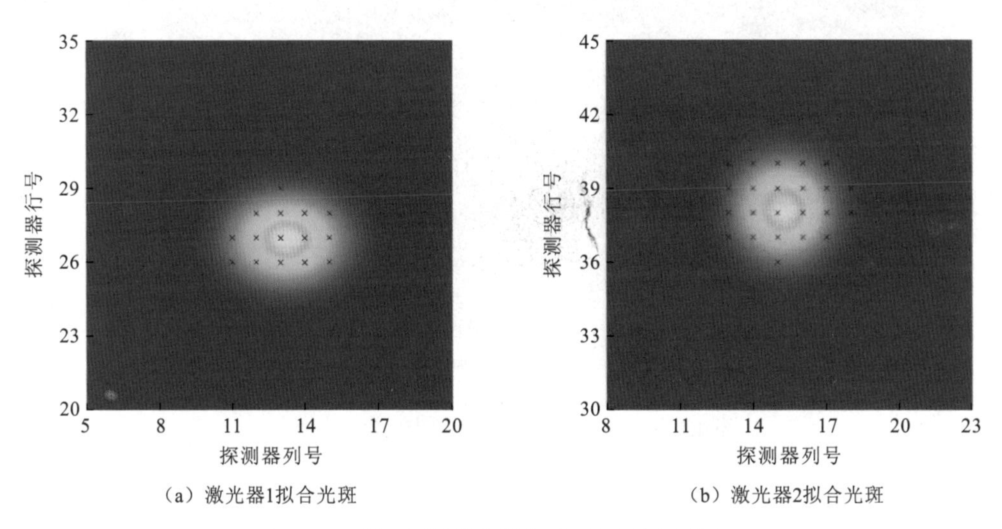

（a）激光器1拟合光斑　（b）激光器2拟合光斑

图 4.53　激光探测器终端的信号能量拟合结果

4.3 激光测高标准产品处理及精度验证

4.3.1 激光测距大气延迟改正试验

本小节试验主要验证用于全球大气延迟改正的大气数据精度，另外将大气延迟改正模型精度与 ICESat/GLAS 的大气延迟改正精度进行对比分析。

1. 全球大气再分析模型精度验证试验

根据大气天顶延迟模型可知，激光测距延迟与地表的大气压强、温度、相对湿度、CO_2 浓度等气象因素相关。获取激光测量区域的气象数据是构建激光测距大气延迟的关键。通常用于获取指定区域气象数据的大气模型有：直接检测法、基于 GPS 技术的检测方法，以及基于外部数据（如气象卫星和地基气象数据）的全球大气模型。本小节旨在应用全球大气模型获取气象数据，实现卫星激光测高系统的高精度全球测绘。美国国家环境预报中心（National Centers for Environmental Prediction，NCEP）提供了全球每隔 6 h 气象再分析（Final Operational Global Analysis，FNL）数据（图 4.54），是现阶段应用最为普遍的全球大气模型之一。

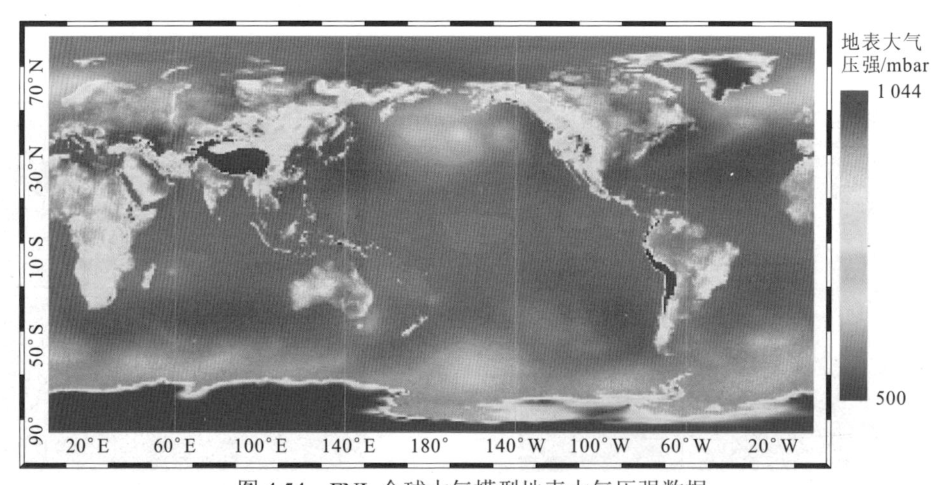

图 4.54 FNL 全球大气模型地表大气压强数据

1 mbar = 100 Pa

由于卫星测距点时空间隔较密集，为满足卫星测距的要求，需对测距地面点处大气数据进行插值。常用线性内插方法对大气数据进行内插，如图 4.55 所示。首先从 NCEP 提供的 FNL 数据提取等压面值，根据插值点的高程值得到两个等压

面 $A_1B_1C_1D_1$ 和 $A_2B_2C_2D_2$，利用双线性内插获取地面点天顶方向的大气数据；然后根据 Runge-Kutta 算法进行数值积分得出地表点 I_0 处的气压值。由于 FNL 大气数据的时间间隔是 6 h，还需要根据卫星行时数据在时间维上进行一次线性插值。

$$\begin{cases} f(P)=\dfrac{x_2-x}{x_2-x_1}f(A)+\dfrac{x-x_1}{x_2-x_1}f(B) \\ f(Q)=\dfrac{x_2-x}{x_2-x_1}f(C)+\dfrac{x-x_1}{x_2-x_1}f(D) \\ f(I)=\dfrac{y_2-y}{y_2-y_1}f(P)+\dfrac{y-y_1}{y_2-y_1}f(Q) \end{cases} \tag{4.14}$$

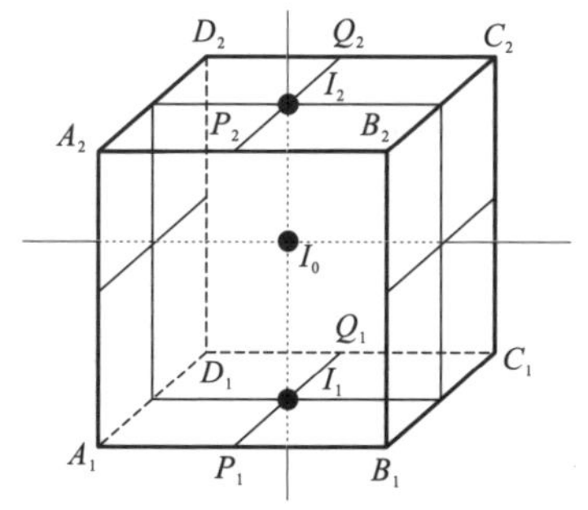

图 4.55　大气插值示意图

为了验证 FNL 全球大气模型提供的大气数据的准确性，对 FNL 大气压强数据进行时空插值，并与南北极气象站的实测数据进行对比。图 4.56 所示为 FNL 数据插值所得大气压强与南极长城站实测数据的对比结果，图 4.57 所示为 FNL 数据插值所得大气压强与北极新奥尔松站实测数据的对比结果。实测数据时间跨度为 1 年、间隔为 0.5 h。

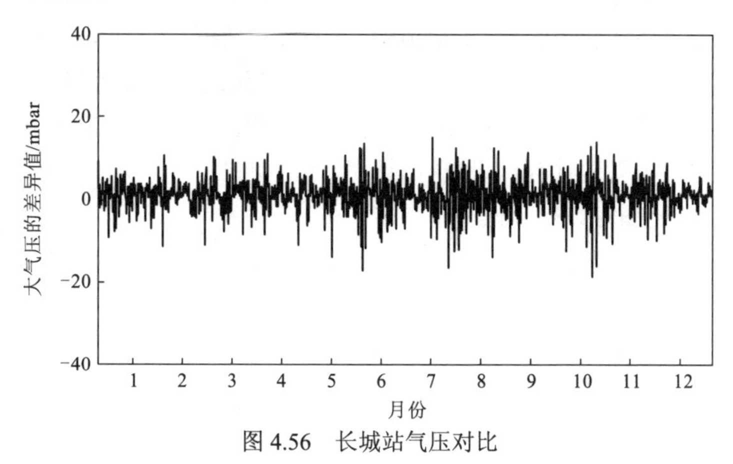

图 4.56　长城站气压对比

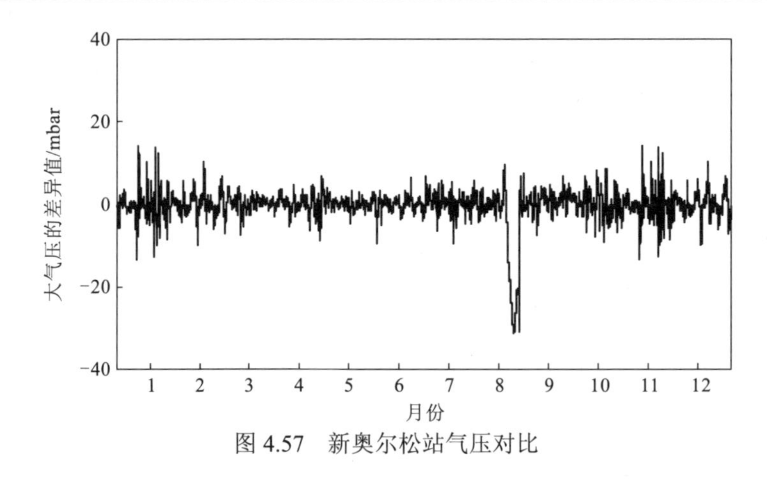

图 4.57　新奥尔松站气压对比

试验结果中 FNL 全球大气模型插值结果与长城站实测数据的差异值平均为 2.49 mbar，中误差（1σ）为 3.26 mbar；新奥尔松站的差异均值为 2.11 mbar，中误差（1σ）为 4.32 mbar。根据大气延迟改正模型可推知，由 FNL 全球大气模型插值获取的压强数据引起的测距延迟误差值不足 1 cm。

2. 大气延迟改正模型验证试验

ICESat 作为 NASA 地球观测系统的重要组成部分，是世界上首颗载有激光雷达传感器的对地观测卫星，卫星轨道高度约为 600 km，以 40 Hz 的频率垂直地面发射红外射线用于极地、海洋及地面高程的测量。本试验选取卫星 2006 年 10 月 30 日（GLAS 数据 1）和 2008 年 3 月 9 日（GLAS 数据 2）两个时间段内记录的 1 064 nm 波段激光测高数据进行试验。

ICESat/GLAS 数据共分为 15 类（GLAH01～GLAH15），其中用于本试验的数据包括：卫星姿态轨道数据 GLAH04 和测距改正数据 GLAH06。试验数据的足印点高程如图 4.58 所示，数据 1 所在区域地表起伏最大高程达到 70 m，数据 2 所在区域地势较为平缓。试验以 GLAS 中大气延迟改正数据（GLAH06）为参考值与本书中采用模型的计算结果进行对比验证，如图 4.59 所示，（a）图为数据 1 试验结果，（b）图为数据 2 试验结果。

试验结果显示：数据 1 中利用统一大气延迟改正模型计算结果与 GLAS 提供延迟值差异值平均为 2.36 mm，中误差（1σ）为 2.88 mm；数据 2 的差异值平均为 2.65 mm，中误差（1σ）为 3.18 mm，差异值大部分集中在±1 cm 以内。GLAS 测高数据的大气延迟改正精度在 2.0 cm 左右，由此可见本试验采用的大气延迟改正模型可以满足卫星激光测高数据的几何处理需求。

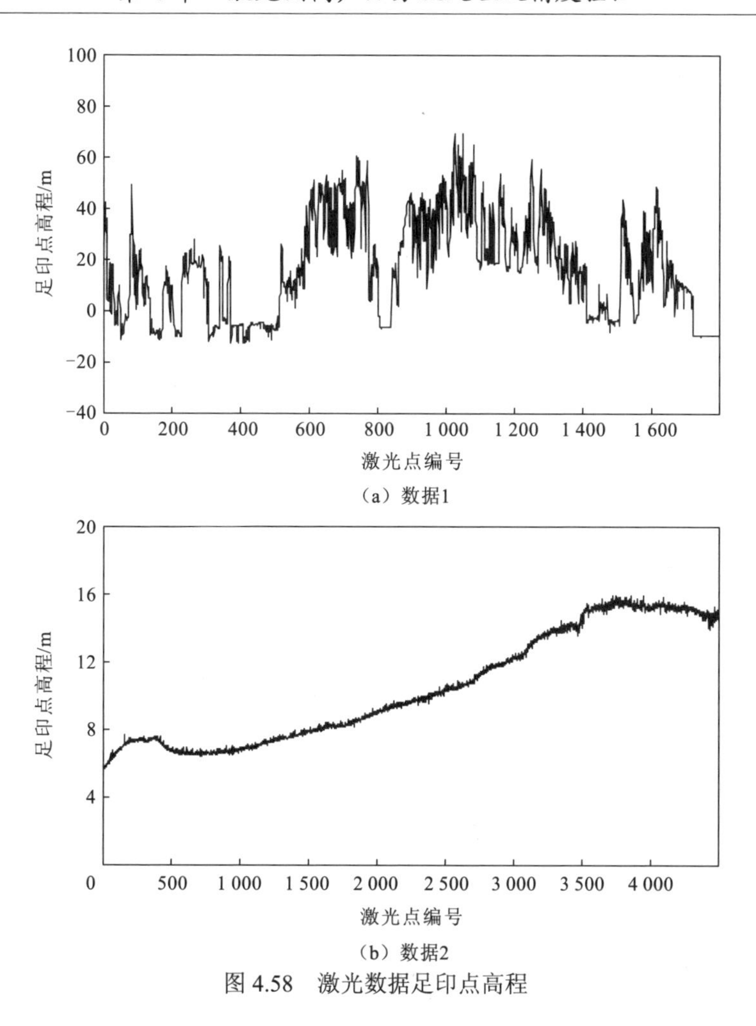

（a）数据1

（b）数据2

图 4.58　激光数据足印点高程

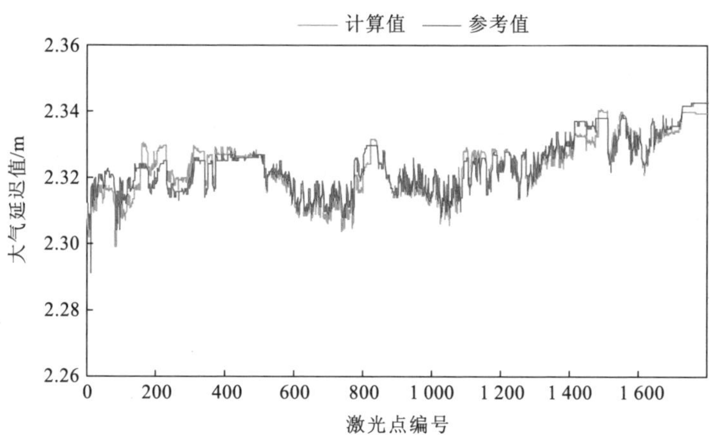

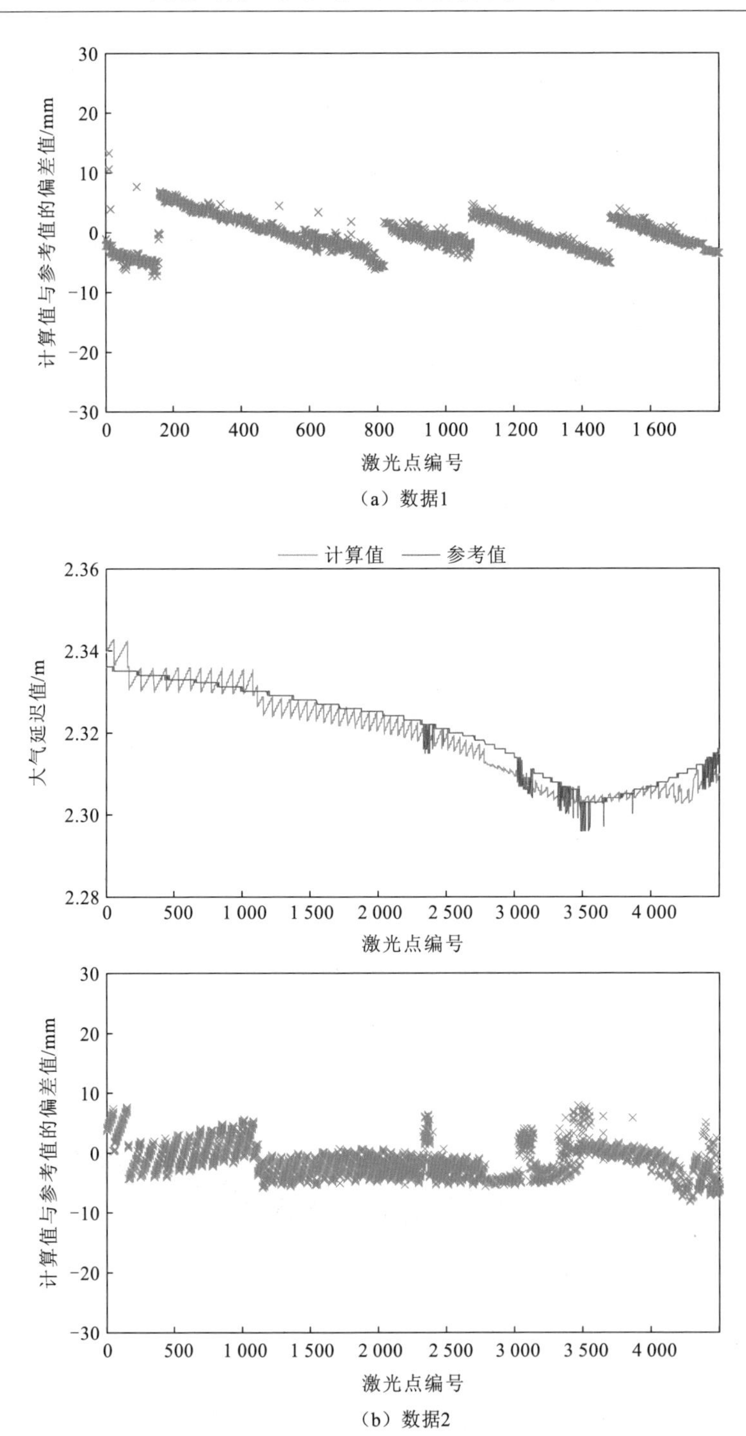

图 4.59　ICESat 大气延迟值及偏差图

4.3.2　潮汐改正模型精度验证试验

本小节试验主要验证用于潮汐改正的模型精度，ICESat/GLAS L1B 级产品中包含了各类潮汐改正参数，相关研究报告也证实 GLAS 激光测高产品中潮汐改正精度在 2 cm 以内。本试验将本书中采用的潮汐改正模型与 GLAH05 数据中相关参数进行对比分析。

试验首先选取内陆和沿海的两个点位，利用潮汐改正模型解算 2018 年全年的固体潮和海潮引起高程的变化规律，采样间隔为 1 h，如图 4.60 所示。

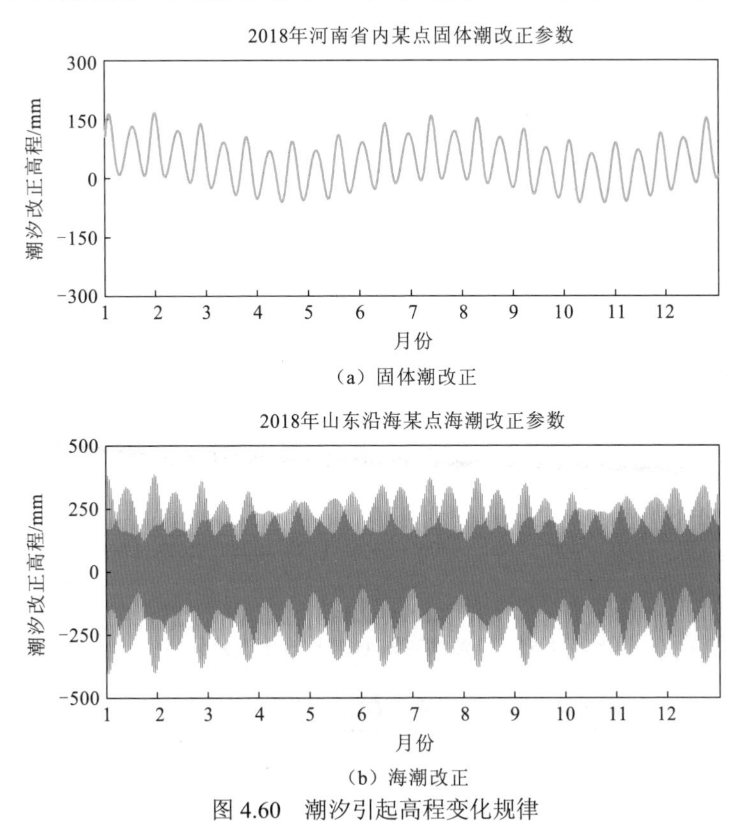

（a）固体潮改正

（b）海潮改正

图 4.60　潮汐引起高程变化规律

试验对比 ICESat/GLAS 的潮汐改正精度。通过获取 GLAS 数据中每个脉冲波束的协调世界时（universal time coordinated，UTC）、光斑地理坐标等信息，根据潮汐改正模型计算得到固体潮和海潮的改正参数，并在此基础上分析潮汐改正的时间分布规律。GLAH05 包含各类潮汐改正参数，其中 d_erElv 为激光测距的固体潮改正值，d_ocElv 为激光测距的海潮改正值，每秒可提供 40 束激光发射时刻的各类潮汐改正值。利用GLAS发布的潮汐改正值与潮汐模型解算结果进行对比，得到误差分布（图4.61）及统计结果（表4.24），由统计结果可知固体潮改正模型和海潮改正模型的中误差分别在3 mm和8 mm以内，可以达到GLAS同等水平。

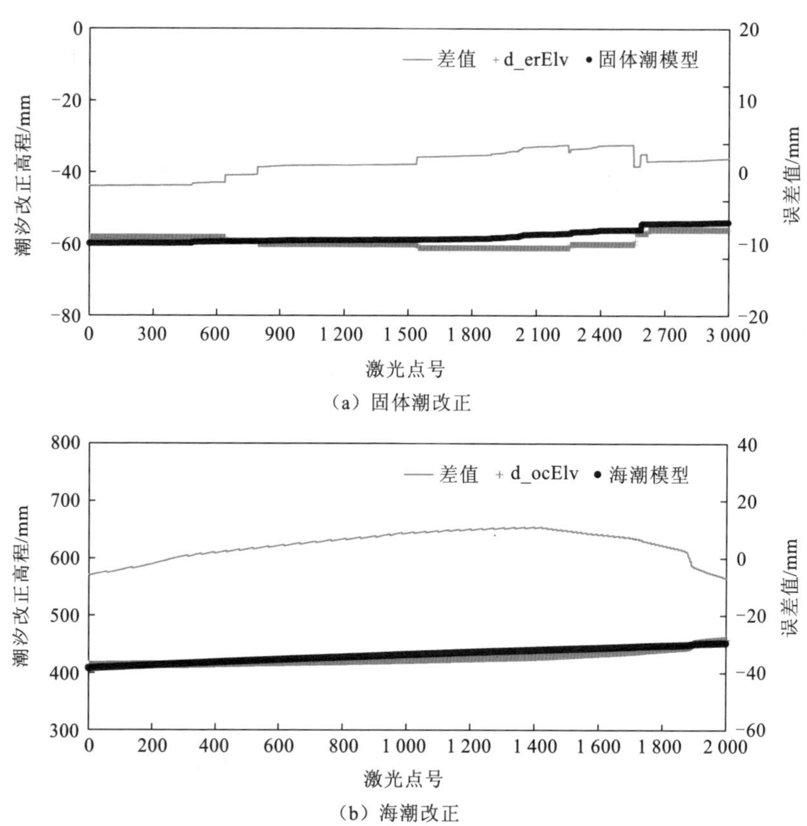

（a）固体潮改正

（b）海潮改正

图4.61　潮汐改正与GLAS对比误差分布

表4.24　潮汐改正值与GLAS结果对比统计结果

潮汐类型	激光点数	平均值/mm	标准差/mm	中误差/mm
固体潮	3 012	1.17	1.83	2.17
海潮	2 008	2.48	7.46	7.86

4.3.3　ZY3-02激光测高几何精度验证

2016年5月成功发射的ZY3-02搭载了国内研制的对地激光测试载荷，并成功获取了激光测高数据。卫星发射过程中激光器的安装发生变动，直接影响了激光器的定位精度和测距精度。ZY3-02 激光数据没有记录回波波形信息，且卫星上无专门标校激光出射方向的设备。经过在轨几何定标补偿后的激光足印点定位精度得到进一步提升。为了进一步验证激光数据的测高精度，外业测量了平坦地势区域拍摄的激光点真实高程，试验区如图4.62所示，将经过几何定标补偿后的激光点与野外实测点高程进行对比，得到结果如表 4.25 所示。

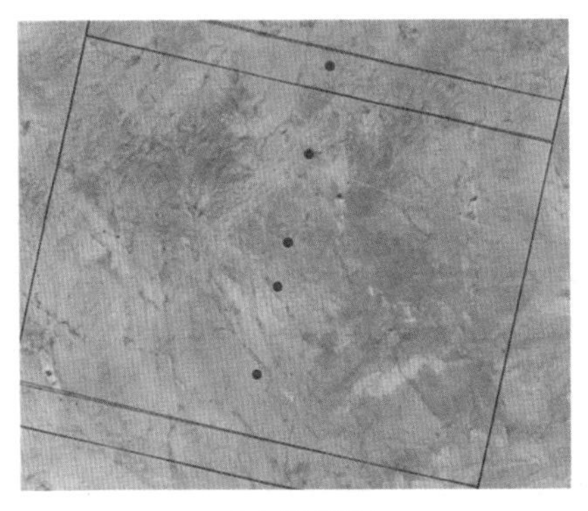

（a）试验区1

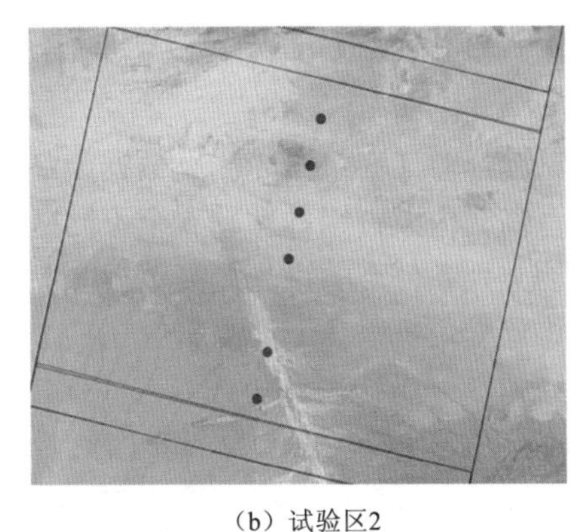

（b）试验区2

图 4.62　ZY3-02 激光测高验证试验区

表 4.25　ZY3-02 激光测高精度验证结果　（单位：m）

激光点编号	激光初始测高值	大气延迟改正量	外业测量值	高程差
1	898.969	−2.085	901.379	−0.325
2	904.070	−2.084	906.211	−0.057
3	961.940	−2.064	964.327	−0.323
4	944.520	−2.071	946.884	−0.293
5	917.310	−2.081	918.395	0.996
6	907.388	−2.082	909.666	−0.196
7	895.759	−2.086	897.520	0.325
8	889.897	−2.087	891.281	0.703
9	1 068.403	−2.061	1 070.691	−0.227
10	1 046.567	−2.066	1 041.168	7.465
11	969.677	−2.09	972.239	−0.472

表4.25中激光点1～5和参与场地定标的激光点属于同一轨，而激光点6～11属于不同轨拍摄的数据。由表中结果发现，激光点 10 的初始测高值与外业测量值的高程差达到 7.465 m，这是由于激光测高仪在连续工作情况下，仪器测量不可避免地出现一些粗差值。当剔除激光点 10 之后，激光初始测高值与外业测量值的高程差均在1 m以内，其测量中误差为0.495 m。

4.3.4 GF-7 激光测高几何精度验证

试验针对 GF-7 激光测高数据产品，选择辽宁沈阳、江苏苏州、广东韶关、山东青岛、内蒙古锡林郭勒5个不同区域，开展激光测高点的精度验证，并对不同地物类别条件下的激光测高数据产品精度进行验证。

试验采用机载点云和高精度 DEM 数据进行激光的高程精度验证，将激光足印点周围5 m范围内的机载点云或DEM高程的平均值作为参考高程，然后将激光测高点的高程和该参考高程进行对比，从而获得该激光测高点的高程误差结果。验证试验区如图4.63～图4.67所示。

图4.63 辽宁沈阳测区激光点及影像

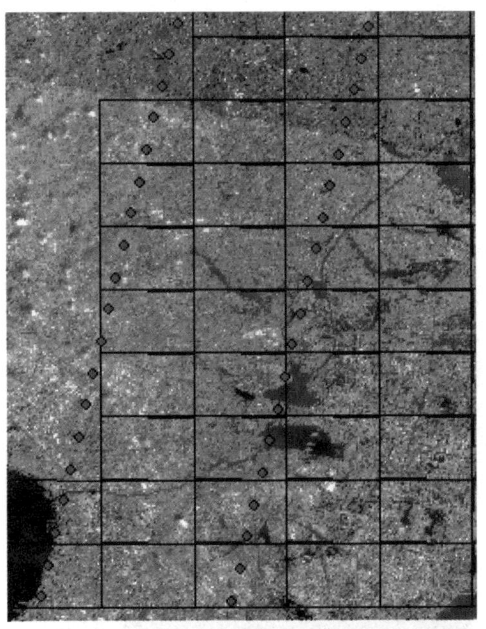

图 4.64　江苏苏州测区激光点及影像

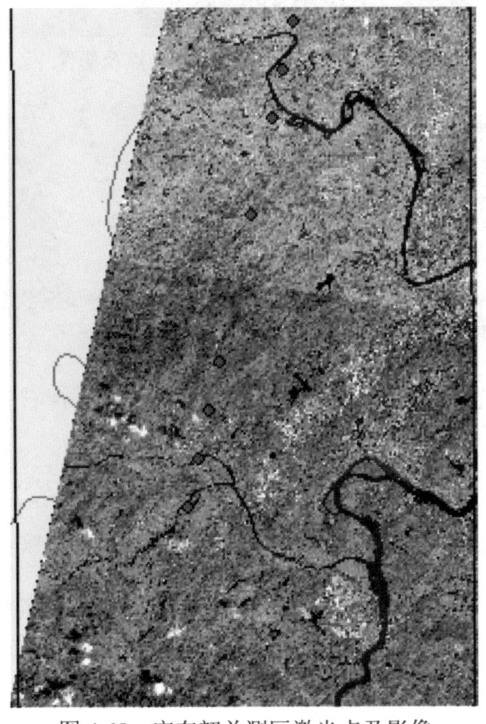

图 4.65　广东韶关测区激光点及影像

图 4.66　山东青岛测区激光点及影像

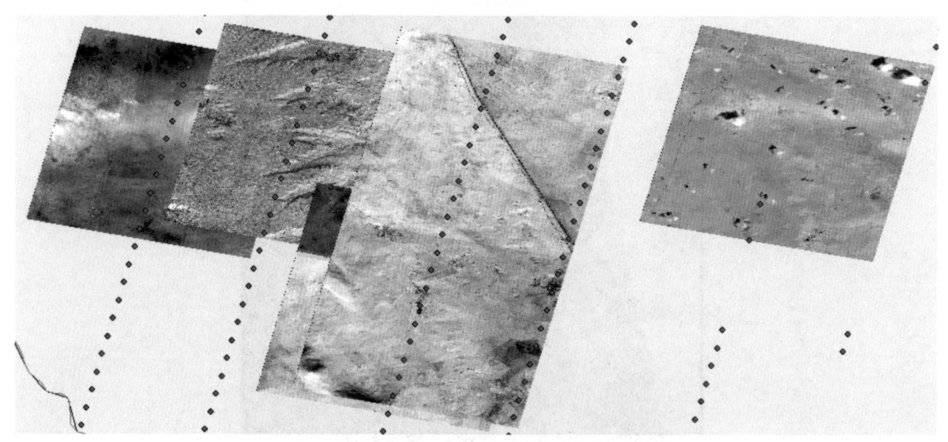

图 4.67　内蒙古锡林郭勒测区激光点及影像

对每个验证区的激光测高产品结果，进行激光测高产品统一的精度评价，从中选择单个地物类型区域，以 2° 坡度为标准进行划分，分别针对小于 2° 的坡度和大于2° 的坡度条件，对波束 1 和波束 2 分别进行激光测高产品的精度评价，结果如表 4.26 所示。

表 4.26　GF-7 激光高程精度验证结果

验证区域	激光波束	坡度	高程中误差/m	高程最大误差/m
辽宁沈阳	1	小于 2°	0.543	1.066
		大于 2°	—	—
	2	小于 2°	0.857	1.630
		大于 2°	1.029	1.473
江苏苏州	1	小于 2°	0.532	0.749
		大于 2°	—	—
	2	小于 2°	0.664	0.926
		大于 2°	—	—
广东韶关	1	小于 2°	—	—
		大于 2°	—	—
	2	小于 2°	0.507	0.589
		大于 2°	—	—
山东青岛	1	小于 2°	0.187	0.223
		大于 2°	0.899	—
	2	小于 2°	0.134	0.256
		大于 2°	—	—
内蒙古锡林郭勒	1	小于 2°	0.180	0.325
		大于 2°	—	—
	2	小于 2°	0.212	0.420
		大于 2°	—	—

经激光在轨定标补偿和预处理后，GF-7 激光测高数据产品在不同地形条件下的高程精度优于 1.5 m，其中在裸露平地区域（坡度小于 2°）的激光高程精度可以达到 0.3 m 以内，如内蒙古锡林郭勒验证区。由于验证区机载激光点云数据、高精度 DEM 数据和 GF-7 激光测高数据时相性存在差异，部分地表地物可能存在差异，在农田、草地区域还受到植被生长的影响，得到的激光高程精度会存在一定的偶然误差。

GF-7 激光测高点主要用于卫星立体影像的高程控制，激光点的平面位置精度尤为重要。经过在轨几何定标处理后，可以确定激光雷达与足印相机的几何关系，下面主要对激光足印影像相对双线阵影像的定位精度开展验证。试验选取青岛和天津区域的GF-7数据，以双线阵影像作为参考基准，分别验证两个区域共8帧足印相机影像的定位精度。通过匹配获取双线阵影像与足印影像之间的连接点，将连接点作为检查点来确定足印影像的相对定位误差，两个试验区的试验结果如表4.27所示，足印影像相对定位精度误差分布图如图4.68所示。

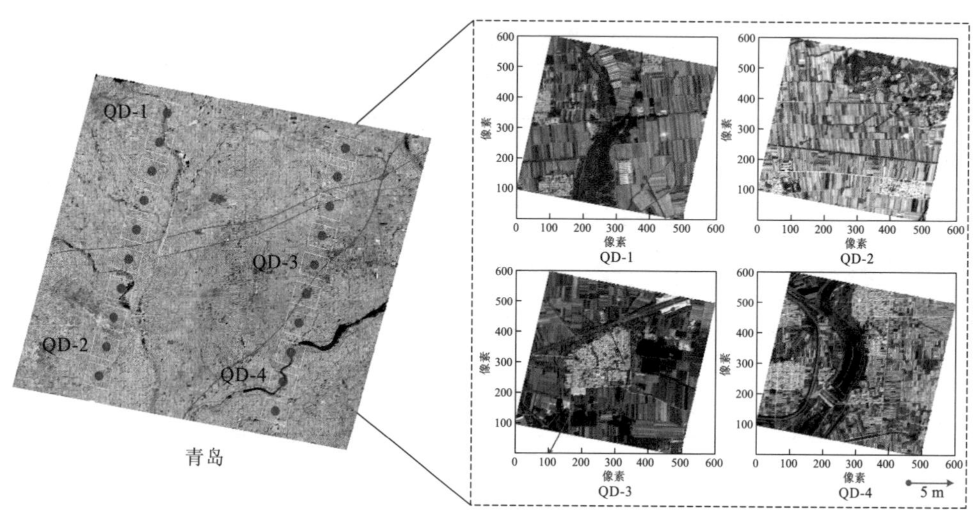

（a）青岛试验区

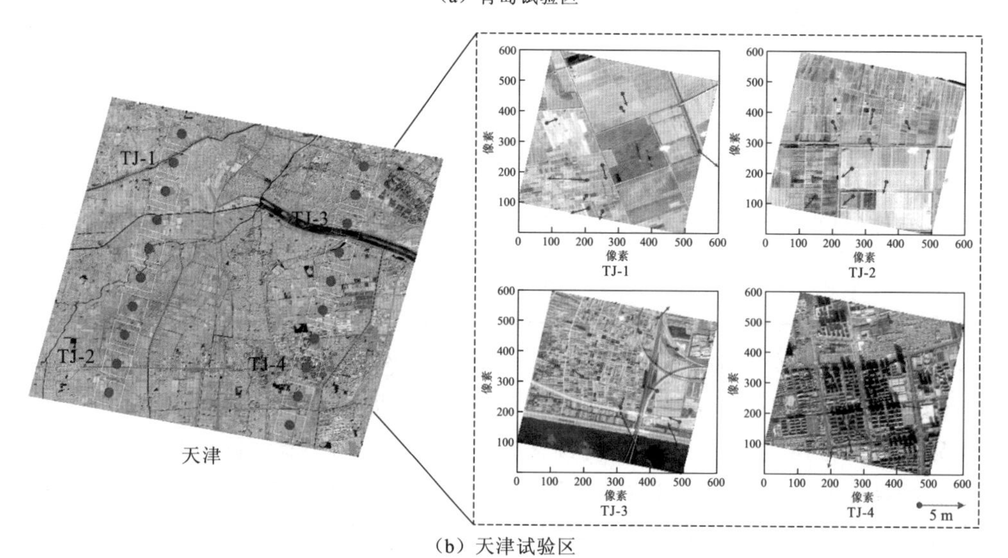

（b）天津试验区

图4.68　足印影像相对定位精度误差分布图

表 4.27　足印影像相对双线阵影像几何定位精度

试验区	足印影像 ID	检查点个数	中误差/m			最大误差/m		最小误差/m	
			X	*Y*	*XY*	*X*	*Y*	*X*	*Y*
青岛	QD-1	7	1.326	1.711	2.164	1.612	3.529	−2.461	−1.905
	QD-2	9	1.247	1.671	2.085	2.545	0.309	−1.385	−3.855
	QD-3	9	1.861	4.335	4.717	2.512	7.567	−2.237	−3.592
	QD-4	8	2.686	2.576	3.722	0.676	2.132	−4.208	−3.825
天津	TJ-1	9	3.291	2.066	3.886	7.925	3.363	−3.741	−1.013
	TJ-2	9	1.348	2.653	2.976	2.090	4.091	−0.828	1.903
	TJ-3	11	2.075	3.248	3.854	3.602	−0.255	−2.205	−8.241
	TJ-4	11	1.781	1.875	2.586	3.601	3.375	−3.658	−3.161

试验结果显示，两个试验区足印相机影像相对双线阵影像的定位精度均值为 3.25 m。根据激光定位模型可知，激光光斑相对双线阵影像的定位误差主要包括激光与足印相机的定标误差和足印相机与双线阵相机的相对定位误差，在轨定标和影像定位误差项相互独立，根据误差传递原理便可以确定激光足印光斑的相对定位精度。双线阵相机与足印相机在同平台观测，影像的相对定位误差受到平台稳定度影响较小。综合考虑激光定标误差、平台稳定度误差及数据处理误差等，激光足印光斑相对定位精度可以达到 5 m 左右，能够为无控制点区域的高精度立体测绘提供高程控制数据。

第 5 章　激光测高产品应用

星载激光测高系统可以精确、快速获取地表的三维空间信息，应用范围和发展前景十分广阔。激光测高卫星的立体测绘精度高，数据处理相对更简单；卫星运行轨道高、观测视野广，可以触及世界的每一个角落，在军事和民用领域都有着广阔的应用前景。目前主要应用领域有：全球立体测图、极地测绘、生物量估算、生态环境监测等（王玥 等，2020；朱笑笑 等，2020；陈博伟 等，2019；李增元 等，2016；Li et al.，2016；马跃 等，2015；刘俊 等，2014；汪韬阳 等，2014；王任享 等，2014；曲苑婷 等，2014；谢欢 等，2013；Fatoyinbo et al.，2013；Dabboor et al.，2013；Phan et al.，2012；鄂栋臣 等，2006）。

5.1　全球立体测图

通常将能够制作测绘产品，且满足测绘精度要求的卫星称为测绘卫星，其主要特征是对几何精度的高要求，包括平面精度、高程精度及重力测量精度等。测绘卫星按照工作方式主要分为 5 种类型：高分辨率光学测图卫星、干涉雷达卫星、激光测高卫星、重力卫星和导航定位卫星。光学测图卫星及干涉雷达卫星可以用于多种比例尺地形图的测制；激光测高卫星主要用于获取全球高程点，甚至是直接获取数字高程模型；重力卫星主要用于反演地球重力场，提高高程基准精度；导航定位卫星主要用于获取地面物体的高精度平面和高程，为各种导航和定位提供服务。激光测高卫星可以精确、快速获取地表的三维空间信息，应用范围和发展前景十分广阔。相较于高分辨率光学测图卫星和干涉雷达卫星，激光测高卫星获取的高程精度更高，数据处理流程更简单。目前受激光测高载荷的能力限制，激光测高点的分布密度相对稀疏，还难以满足全球立体测绘的需求。采用激光与光学或合成孔径雷达（synthetic aperture radar，SAR）复合测绘是当前卫星立体测图的主要趋势之一（图 5.1）。

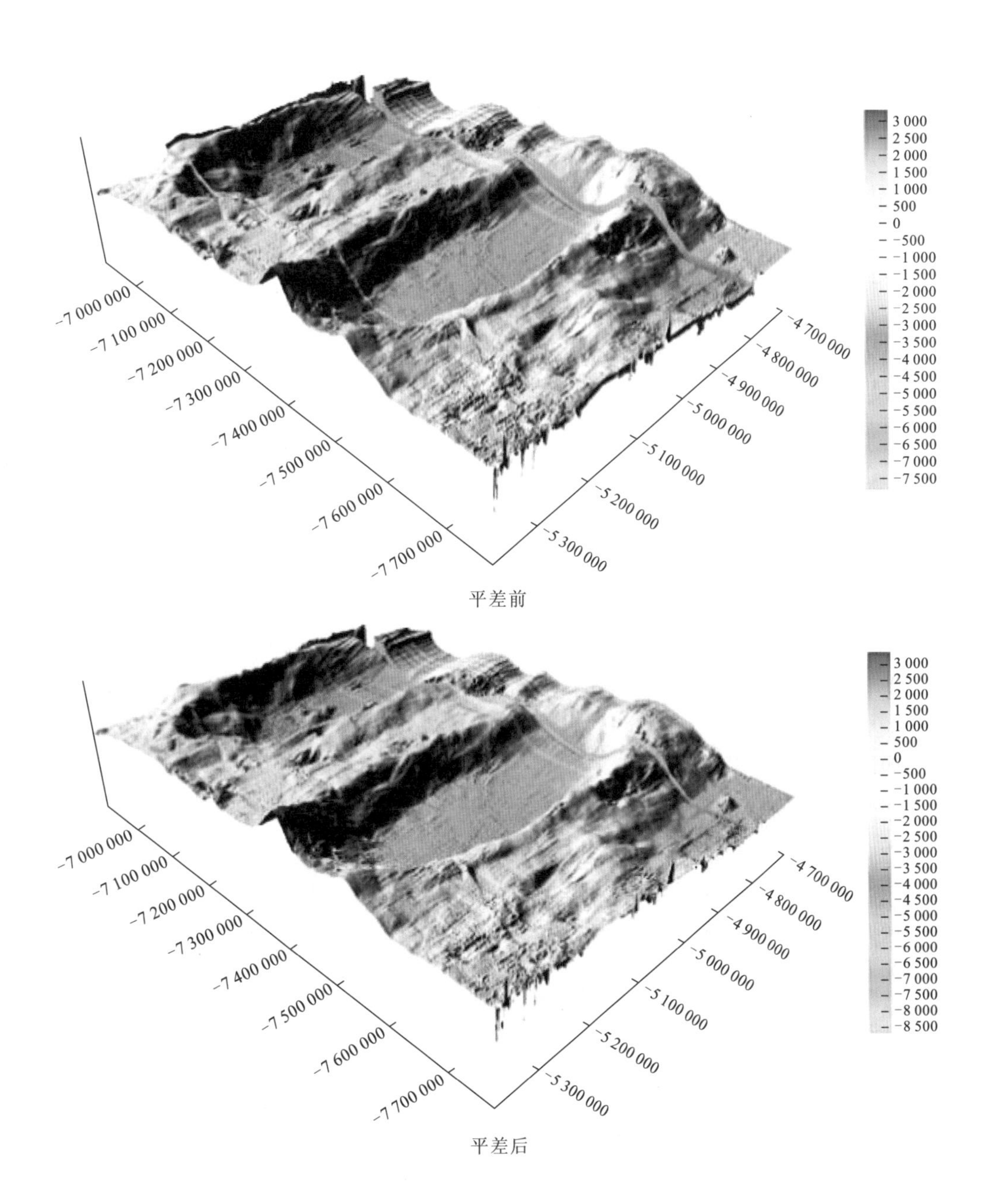
3 000
2 500
2 000
1 500
1 000
500
0
−500
−1 000
−1 500
−2 000
−2 500
−3 000
−3 500
−4 000
−4 500
−5 000
−5 500
−6 000
−6 500
−7 000
−7 500
−7 000 000
−7 100 000
−7 200 000
−7 300 000
−7 400 000
−7 500 000
−7 600 000
−7 700 000
−4 700 000
−4 800 000
−4 900 000
−5 000 000
−5 100 000
−5 200 000
−5 300 000
3 000
2 500
2 000
1 500
1 000
500
0
−500
−1 000
−1 500
−2 000
−2 500
−3 000
−3 500
−4 000
−4 500
−5 000
−5 500
−6 000
−6 500
−7 000
−7 500
−8 000
−8 500
−7 000 000
−7 100 000
−7 200 000
−7 300 000
−7 400 000
−7 500 000
−7 600 000
−7 700 000
−4 700 000
−4 800 000
−4 900 000
−5 000 000
−5 100 000
−5 200 000
−5 300 000

平差前

平差后

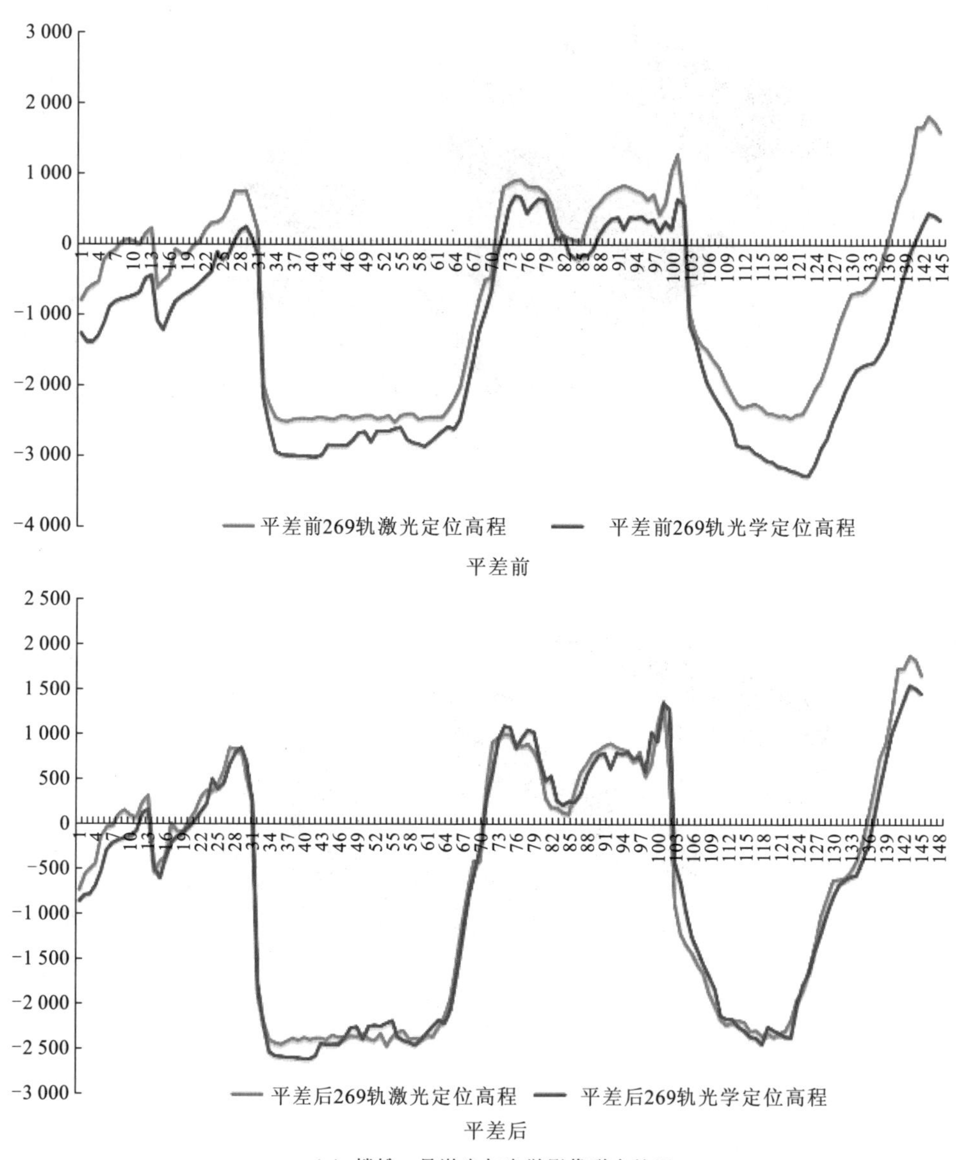

（a）嫦娥一号激光与光学影像联合处理

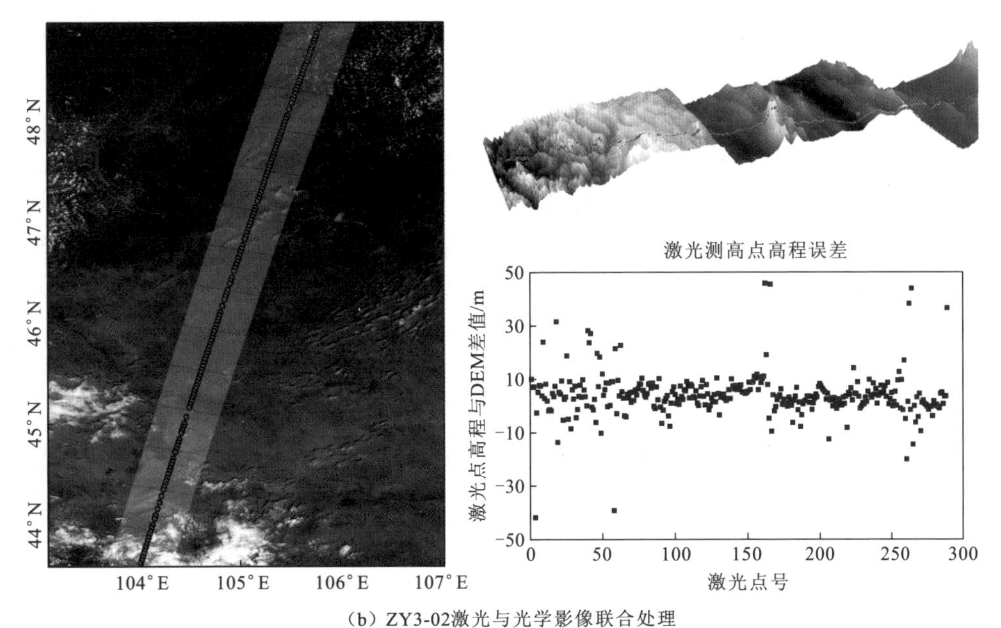

(b) ZY3-02激光与光学影像联合处理

图 5.1 卫星激光测高产品在立体测图中的应用示例

激光与光学复合测绘过程中，由于卫星轨道误差、姿态测量误差、立体相机和激光测高仪系统误差等，激光足印点与立体影像前方交会所在位置存在差异，同一物方激光足印点在影像上的反投影并不对应相同的影像特征。这就反映了影像与激光测高数据之间存在不一致，国内研究团队利用这种不一致性来构建约束方程，实现光学立体影像与激光点的联合平差模型。激光点与立体测绘产品进行联合平差的方案大致分为两类：一类是针对立体影像前方交会的点位并不位于激光足印在地球上的点位拟合的高程面这种不一致，可以建立前方交会点位与激光足印在地球上点位拟合的高程面差值为最小的约束方程，即基于物面的局部条件约束方案；另一类则是针对同一物方激光足印在影像上的反投影并不对应相同的影像特征这种不一致，建立同一物方激光足印在影像上的反投影与影像匹配点之间差值为最小的约束方程，即基于像面的局部条件约束方案。

激光与光学数据复合处理最先应用于深空探测，如月球和火星地表探测。由于深空探测的卫星定轨缺少全球导航卫星系统（global navigation satellite system，GNSS）支持，定轨精度较差，严重影响卫星立体测绘精度。通过光学立体影像与激光测高点的精确配准和数据的高精度融合，提升遥感影像立体像对与激光点的几何定位精度，建立了光学与激光观测数据的高精度几何模型，降低卫星测量外方位元素的影响，以提升卫星的立体测绘精度，如嫦娥一号卫星数据处理中的应用。2016 年 5 月我国成功发射了 ZY3-02，卫星搭载了国内研制的对地激光测试载荷，经过在轨几何检校后卫星激光测高仪的高程精度得到提升。采用激光检校处理后结果作为光学立体影像的高程控制数据，联合前后视影像进行激光测距约束的联合平差处理，试验结果显示卫星立体测绘的高程精度得到明显改善，但是平面定位精度基本没有变化。2019 年发射的 GF-7 平台增加了激光束同光路的足印相机，从硬件层面实现激光数据与光学影像之间的几何关联。但是光学立体相机测量过程需要较大的俯仰角，而激光测高仪则接近垂直入射到地表，监测足印相机与激光光轴的几何稳定性，对新型光学与激光复合测绘处理至关重要。除此之外，足印相机与立体相机成像角度不同，造成立体影像的投影变形，这些问题都是激光与光学复合处理亟待解决的关键问题。目前激光测高与光学立体测绘数据的复合处理技术还在进一步改进和完善。

相比于光学影像的定位精度星上姿态影响较大，星载 SAR 影像成像过程受星上姿态测量精度影响极其微小。目前研究将多源控制数据进行自动提取，并利用多源控制数据各自优势提升测绘产品的几何定位精度和高程精度。首先从星载光学、SAR 和激光数据的几何定位模型出发，构建多源数据各自的严密成像几何模型及光学/SAR 通用传感器几何模型；对 SAR/激光控制点进行自动提取，在基于相位一致性的多源影像匹配方法的基础上，实现光学下视影像和 SAR 影像之间的匹配，获得匹配像点；然后利用基于物方面元的最小二乘匹配方法，实现匹配像点在光学前后视影像上的像点投影；最后利用三线阵影像间的立体关系进行匹配点的误匹配点剔除，建立激光高程控制点和 SAR 平面控制点提取流程，实现平面/高程控制点的高精度全自动提取，为区域网平差提供控制基础；对于 SAR 平面控制点和激光高程控制点，分别利用其平面/高程精度的优势，引入平差过程实现平面/高程约束，建立适用于多源控制数据的光学影像区域网平差模型。试验证实经过激光、SAR 联合控制的资源三号卫星立体测绘精度得到明显提升。

5.2　极地测量

在全球气候变化的大背景下，由全球变暖引发两极冰雪消融，导致海平面上升，从而影响人类的生存环境一直是热点问题，因此监测极地冰雪变化并估算两极冰雪消融对全球海平面的影响是极地科学研究的重要主题之一。由于极地的恶劣环境和仪器本身条件的限制，人工抵达现场测量的难度较大。在极地研究方面，星载激光测高数据具有独特的优势，尤其针对极地冰盖变化监测研究。由于冰雪覆盖的极地地区，光学影像数据无法提取立体像对的同名点，其测高精度难以控制，而利用激光测高卫星能够精确地获取极地地表分类、冰层厚度及冰盖变化等，可用于制作较大比例尺的冰盖覆盖分布特征图，还可用于反演海冰高程、粗糙度、厚度及表面反射率等。另外，激光测高数据还将促进极地区域物质总量平衡模式研究和地形图构建，使极地长期监测成为可能，监测对象将增多、覆盖的区域将更广、测量分辨率和观测精度也将极大提升。

美国发射的 ICESat 系列卫星为极地观测和冰盖变化监测提供了精确的数据源。2003 年 ICESat 搭载的 GLAS 激光测高系统在极地变化监测中具有明显优势，可以实现全天时全天候的观测，而测量精度远高于其他卫星遥感测量方式；并且激光脉冲频率较高，可以穿透雪层表面探测到冰盖，可以直接测量得到冰雪表面高程；卫星轨道倾角设计为 94°，可以有效保证极区测量更大范围极地地区，同时也充分考虑了交叉点分布状况，有利于研究冰盖表面高程变化。ICESat-2 作为 ICESat 的后续卫星，其多波束、高重频、短脉宽和单光子计数技术的使用，极大提升了对地观测结果的精度和可靠性。ICESat 系列卫星所采集的测高数据已经成为极地研究的重要数据源，并得到极为广泛的应用，如冰盖厚度变化监测、冰盖质量变化监测、冰架和冰川变化监测、海冰变化监测和极地地表覆盖监测等。

在极地测量中，ICESat/GLAS 采集的大光斑激光足印的高程数据和全波形数据，通过轨迹交叉点法、重复轨道观测法等获取极地冰雪层、格陵兰岛冰盖等区域的高精度长时间的变化信息，结合相应的反演模型解算出冰盖物质质量变化，以获取更加可靠的海平面变化估计参数，如图 5.2（a）所示。2018 年 NASA 发射的 ICESat-2 采用了光子计数技术，相较于 ICESat 其硬件设施和数据处理算法都有了大幅度的优化改进，能获取范围更大的数据，产生更多的升降轨交叉点个数，

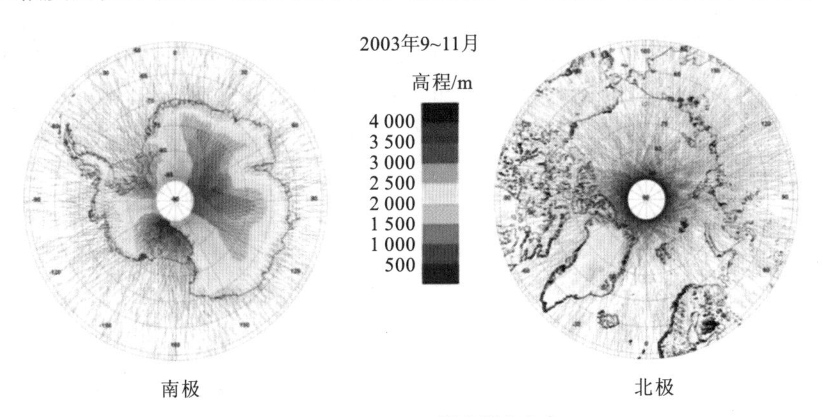

（a）ICESat/GLAS激光测高产品

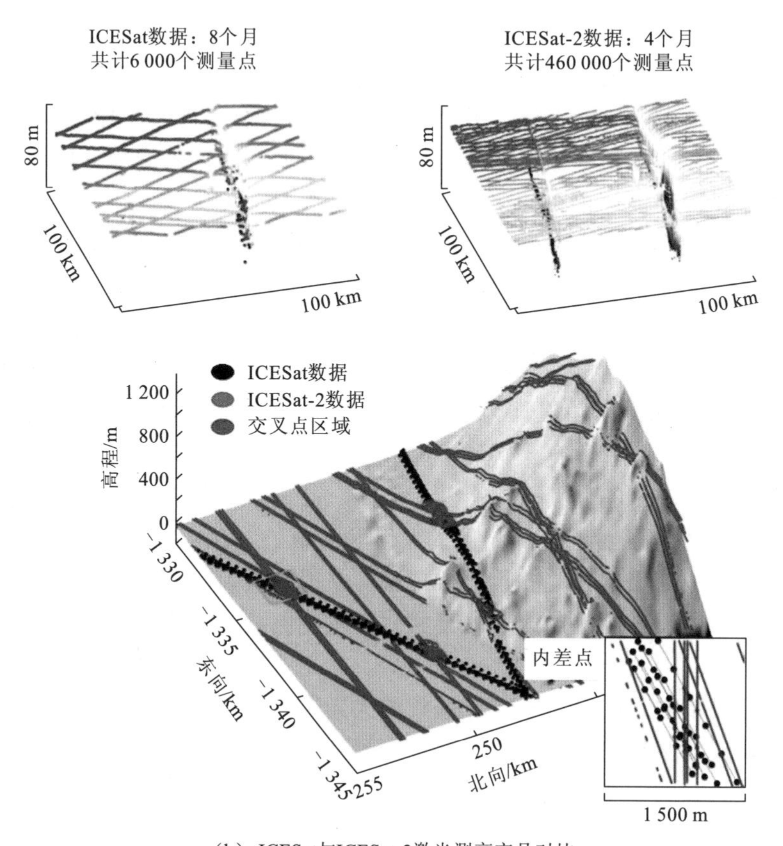

（b）ICESat与ICESat-2激光测高产品对比

图 5.2　卫星激光测高产品在极地测绘中的应用示例

有利于极地区域大面积的地表变化监测，如图 5.2（b）所示；而且 ICESat-2/ATLAS 数据光斑更小，其单光子技术产生的高重频脉冲，能实现沿轨方面密集的地形采样。但光子计数激光雷达系统的发射和接收信号均为弱信号，受太阳背景噪声干扰极大，在未来激光对极地的观测研究中，光子计数激光数据处理与应用研究还面临巨大挑战。

5.3　植被生物量估算

森林是陆地上面积最大、分布最广、组成结构最复杂、物质资源最丰富的生态系统，拥有全球86%的总植被碳储量，对改善生态环境、维护生态平衡具有不可替代的作用。近年来，随着人类对全球气候变化的日益关注，各个尺度的森林生物量变化监测及碳储量估算日显重要，通过激光测高系统对森林平均树高及其他植被参数的定量反演，不仅可以用于剔除地表植被覆盖物信息提取地面高程控制点，辅助光学立体测绘卫星生产 DEM 数据，而且对全球范围森林植被的生物量、覆盖率、年际变化等情况进行监测，对测绘、林业、环保等领域的工作具有重要的参考意义。

对激光雷达回波波形数据进行重分析，反演林地的树高和估算生物总量。其中的主要原理是 1 064 nm 波段激光脉冲的部分能量可以穿透高大树木的冠层，通过提取激光多次回波波形数据的关键参数，便可用于分析激光穿过的植被冠层垂直结构及树下地形（图 5.3）。国内外学者已经对激光回波数据估算树高及冠层垂直结构等展开研究，进一步为估算森林的生物量及碳循环提供支撑，并为全球林业资源调查研究提供技术支持。光子计数激光雷达数据测算植被高度的研究也有开展，主要技术流程是利用空间滤波方法识别森林冠层的点云，再结合空间密度统计来区分植被冠层和地面点云，采用二维剖面空间的聚类检测实现地面和冠层轮廓的激光点云数据的分类。但是研究发现直接利用冠层和地面的光子高度差与真实树高存在偏差，以 ICESat-2 激光点云测量数据试验为例，每个波束照射到树冠后返回少数几个有效信号光子，这些信号光子点呈离散分布，且在冠层中的垂直位置不确定，因此接收到的冠层顶部光子点不一定位于真正的树冠顶部，导致 ATLAS 数据提取的森林高度通常比真实高度低。试验证明采用光子计数激光点云测算的植被高度与实测值呈现高度相关性，这就需要进一步研究植被高度的反演模型以便对测量结果进行精化处理。

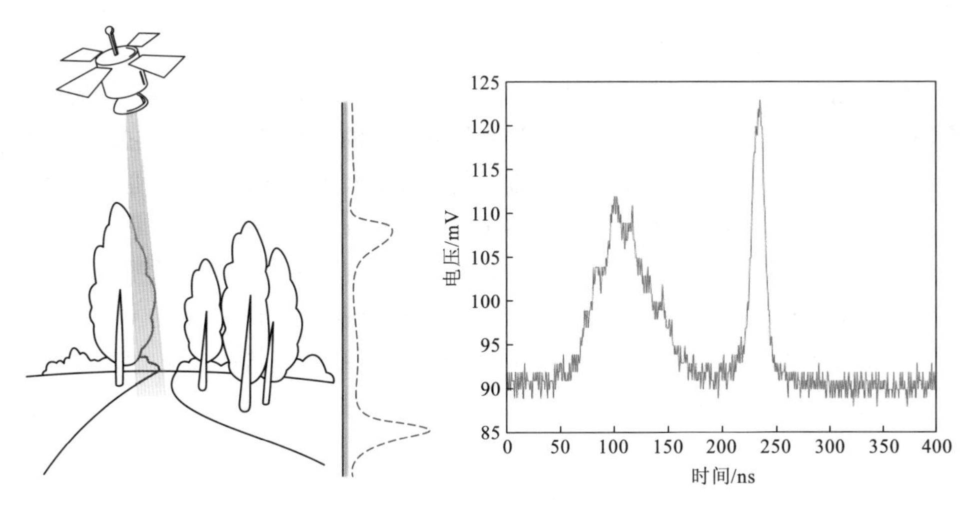

图 5.3　卫星激光测高产品在植被高度测量中的应用示例

5.4 环境变化监测

生态环境的变化监测也是全球发展面临的普遍问题，其中大气环境变化直接影响人类的生存和发展。地球大气系统中的云和气溶胶主要与其辐射效应有关，云和气溶胶通过吸收和散射辐射等影响地气系统的收支平衡，对区域、全球天气和气候变化有重要影响，大气边界层高度也影响空气污染物扩散、传输方式等。卫星测高设备可以对全球范围内的云和气溶胶垂直结构、行星边界层高度及极地对流层和同温层的云层进行观测，准确确定云层及气溶胶层的高度和覆盖率，并确定云层成分及气溶胶种类，这对了解辐射平衡及完善大气降水模型具有重要意义。

此外，湖泊作为重要的水资源之一，在维系流域生态平衡、满足生产生活用水、减轻洪涝灾害和提供丰富的水产品等方面发挥着不可替代的作用。近年来，人类的活动及全球气候变化给湖泊的面积和水位变化带来了显著的影响，进而引发了一系列的生态问题和社会问题。因此，全面掌握湖泊水位的动态变化对湖泊资源的开发利用、生态环境的变化研究等起着至关重要的作用。通常湖泊水位资料的获取主要依靠水位站点连续观测，需要耗费大量的人力、物力和财力。激光测高卫星可以快速获取全球的地表高程信息，可以周期性地探测陆地水域的各种几何和物理参数及其变化，同时结合相应的气象、水文资料，可以进一步对当地的气候变化进行反演和预测，进而得出相关的预测理论模型，用于降低地质灾害的危害性，如图 5.4（a）所示。

激光测高数据还被用于构建沙漠地区的地形骨架线，研究沙丘移动与周边生态环境之间的相互作用关系。沙丘迁移是气候变化的一个直接指标，它对沙漠生态系统（绿洲）及各种形式的人造基础设施（石油和天然气营地、农业、公路及铁路）都有严重影响。然而，卫星遥感影像往往只限于提供沙丘位置和植被迁移的信息，无法结合准确的地形信息来估算沙子的流向。为了对潜在的沙丘迁移率和位置进行监测，往往需要在几个月的时间内进行现场观测，而激光卫星测高不仅可以实现全天时、全天候，其观测数据还可用于高精度估计沙丘位移/迁移矢量，如图 5.4（b）（Dabboor，2013）所示。此外，卫星激光测高还可用于长期监测沙丘的海拔高度。

卫星激光测高技术在海洋学中除了可以监测大洋环流、测定海洋平均海面高和确定潮汐模型，还可以用于绘制海面图、监测海面季节性变化和海面高的长期

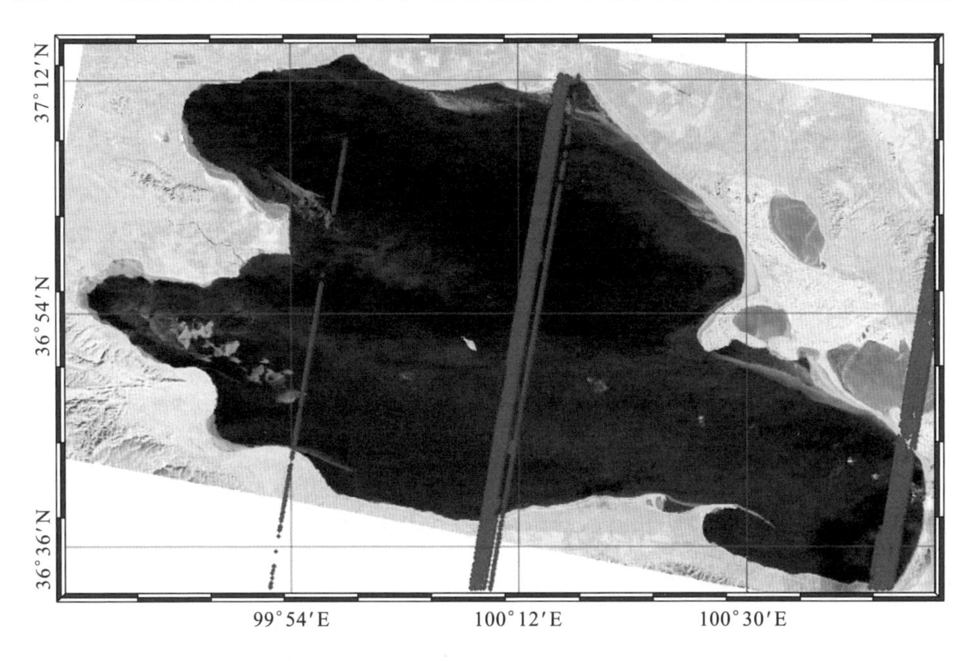

（a）GLAS激光在青海湖水域环境中的监测应用

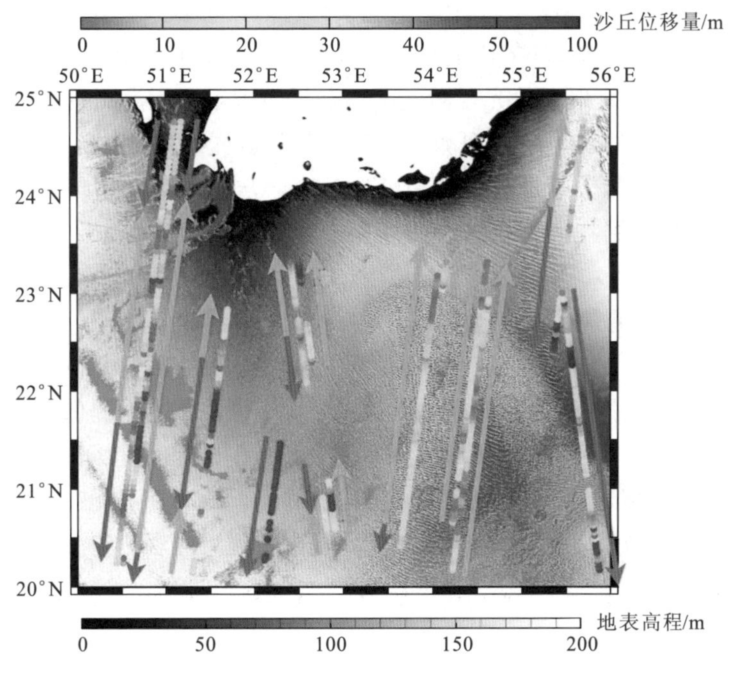

（b）卫星激光测高在Rub Al-Khali沙漠沙丘移动中的监测应用

图 5.4　卫星激光测高产品在生态环境监测中的应用示例

变化及监测厄尔尼诺现象、中尺度以上的海面动态变化等，并且具有监测全球气候变化的能力。卫星测高技术凭借全天候、长时间历程、观测精度高、受干扰小、垂直测距分辨率和灵敏度高、信息量大等特点，在环境监测中有着不可比拟的优越性。随着卫星定轨精度和测高仪观测精度的提高及数据处理方法的改进，其精度、轨道密集度及时间分辨率都会进一步提升，综合多种卫星数据更可以提高研究的时空跨度与时空分辨率，在未来具有很大的潜力。

5.5 海洋测绘

海洋面积占全球总面积 71%以上，海洋蕴藏着极为丰富的生物和矿产资源，海洋测绘技术是人类开发海洋及各国开展海上军事活动的基础。我国拥有绵长的海岸线，沿海滩涂面积广阔，分布范围极广，开展海洋测绘是我国面临的重要任务。激光测高被认为是海洋测绘领域极具潜力的对地观测新技术，该技术具有安全、快速、高精度的优势特点。目前 ICESat 激光测高卫星为观测海洋提供了丰富的科学数据，由于卫星轨道设计特点，可以采集到近极地海域的海面及海冰数据，为全球海洋的洋流模型和极地观测提供了可能[图 5.5(a)和(b)]；随着 ICESat-2 的发射，单光子激光测高数据也被用于近海岛礁、暗礁等影响船体安全航行水域的水下地形观测；同时密集的激光测高数据还可以识别单个海浪的起伏特性，相较于星载雷达高度计具有一定的优势；除此之外，高精确的全球激光测高数据在改善全球海面高模型及海洋潮汐模型方面具有极大的应用潜力。

激光测高卫星具有覆盖范围广、采样密集、精度高等特点，同时可以实现昼夜、长时间、连续的观测，在全球观测中扮演了极其重要的角色。激光测高数据基本不受太阳辐射的影响，能在海洋表层、次表层测量方面提供大量的科学观测数据，为全球海洋科学技术发展提供重要支撑[图 5.5（c）（Nilsson，2022）]。星载激光测高数据作为传统海洋测绘手段的补充，给海洋观测带来了新的视角。鉴于此，为了更好地利用海洋领域资源，我国发展海洋观测的激光测高卫星也是势在必行。

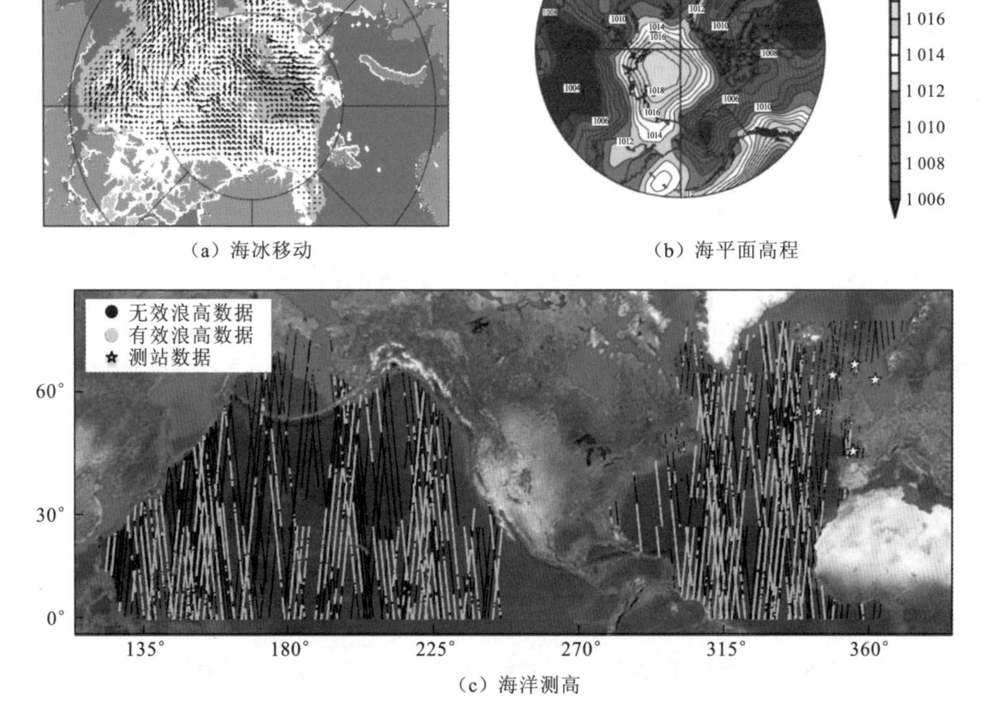

（a）海冰移动 （b）海平面高程

（c）海洋测高

图 5.5 卫星激光测高在海洋测绘中的应用示例

参考文献

曹海翊, 张新伟, 赵晨光, 等, 2020. 高分七号卫星总体设计与技术创新. 中国空间科学技术, 40(5): 1-9.

曹宁, 周平, 王霞, 等, 2019. 激光测高数据辅助卫星成像几何模型精化处理. 遥感学报, 23(2): 291-302.

陈博伟, 庞勇, 李增元, 2019. 基于随机森林的光子计数激光雷达点云滤波. 地球信息科学学报, 21(6): 898-906.

陈俊勇, 2003. 中国大地测量的数据处理要科学界定潮汐改正计算. 武汉大学学报(信息科学版), 28(6): 633-635.

崔云霞, 牛燕雄, 冯丽爽, 等, 2012. 卫星姿态控制误差及飞行速度对星载激光测高仪测量精度的影响. 红外与激光工程, 41(4): 913-918.

鄂栋臣, 徐莹, 张小红, 2006. 星载激光测高及其在极地的应用研究分析. 极地研究, 18(2): 148-155.

方勇, 曹彬才, 高力, 等, 2020. 激光雷达测绘卫星发展及应用. 红外与激光工程, 49(11): 11-19.

河野宣之, 刘庆会, 平劲松, 等, 2010. 月球探测 SELENE 的科学成果. 中国科学(物理学 力学 天文学), 40(11): 1380-1386.

贺涛, 张新伟, 2016. 一种卫星激光测高仪测距精度仿真计算方法. 航天器工程, 25(3): 94-100.

黄庚华, 丁宇星, 吴金才, 等, 2020. 高分七号卫星激光测高仪分系统关键技术设计与实现. 航天器工程, 29(3): 68-73.

李春来, 刘建军, 任鑫, 等, 2010. 嫦娥一号图像数据处理与全月球影像制图. 中国科学(地球科学) (3): 294-306.

李大炜, 李建成, 金涛勇, 等, 2012. 利用验潮站资料评估全球海潮模型的精度. 大地测量与地球动力学, 32(4): 106-110.

李松, 肖建明, 马跃, 等, 2013. 星载激光测高系统的大气折射延迟改正模型研究. 光学与光电技术(1): 7-11.

李鑫, 廖鹤, 赵美玲, 等, 2014. 激光测绘卫星对不同地表形貌探测能力分析. 测绘学报, 43(12): 1238-1244.

李国元, 唐新明, 2017. 资源三号 02 星激光测高精度分析与验证. 测绘学报, 46(12): 1939-1949.

李国元, 唐新明, 陈继溢, 等, 2021. 高分七号卫星激光测高数据处理与精度初步验证. 测绘学报, 50 (10): 1338-1348.

李增元, 刘清旺, 庞勇, 2016. 激光雷达森林参数反演研究进展. 遥感学报, 20(5): 1138-1150.

刘华亮, 罗志才, 李琼, 等, 2011. 非潮汐时变重力场信号对卫星重力梯度测量的影响//中国地球物理学会. 中国地球物理学会第二十七届年会论文集. 合肥: 中国科学技术大学出版社: 829.

刘俊, 谢欢, MARCO S, 等, 2014. 基于激光测高卫星的东南极表面高变化分析. 同济大学学报(自然科学版), 42(11): 1733-1737, 1775.

梁敏, 王仁礼, 李国新, 2016. 基于全波形激光雷达数据分解方法的研究. 地理信息世界, 23(5): 51-54.

马跃, 阳凡林, 王明伟, 等, 2015. 利用 GLAS 激光测高仪计算格陵兰冰盖高程变化. 红外与激光工程, 44(12): 3565-3569.

欧吉坤, 1998. GPS 测量的中性大气折射改正的研究. 测绘学报, 27(1): 31-36.

曲苑婷, 汪垚, 刘观潮, 等, 2014. 基于 GLAS 激光雷达反演森林生物量. 测绘通报(11): 73-77.

宋平, 刘元波, 刘燕春, 2011. 陆地水体参数的卫星遥感反演研究进展. 地球科学进展, 26(7): 731-740.

唐新明, 李国元, 高小明, 等, 2016. 卫星激光测高严密几何模型构建及精度初步验证. 测绘学报, 45(10): 1182-1191.

唐新明, 谢俊峰, 莫凡, 等, 2021a. 高分七号卫星双波束激光测高仪在轨几何检校与试验验证. 测绘学报, 50(3): 384-395.

唐新明, 刘昌儒, 张恒, 等, 2021b. 高分七号卫星立体影像与激光测高数据联合区域网平差. 武汉大学学报(信息科学版), 46(10): 1423-1430.

汪韬阳, 张过, 李德仁, 等, 2014. 资源三号测绘卫星影像平面和立体区域网平差比较. 测绘学报(4): 389-395, 403.

王遨游, 陶宇亮, 李旭, 2017. 高重频光子计数激光雷达样机设计及测距试验. 激光与红外, 47(7): 803-807.

王春辉, 李旭, 彭欢, 2015. 星载全波形激光测高仪仿真分析技术研究. 激光与光电子学进展, 52(10): 270-276.

王任享, 王建荣, 2014. 二线阵 CCD 卫星影像联合激光测距数据光束法平差技术. 测绘科学技术学报(1): 1-4.

王文睿, 李斐, 刘建军, 等, 2010. 基于嫦娥一号激光测高数据的月球三轴椭球体模型. 中国科学(地球科学), 48(8): 1022-1030.

王玥, 李松, 田昕, 等, 2020. 方向自适应的星载光子计数激光测高植被冠层高度估算. 红外与毫米波学报, 39(3): 363-371.

谢锋, 杨贵, 舒嵘, 等, 2017. 方向自适应的光子计数激光雷达滤波方法. 红外与毫米波学报, 36(1): 107-113.

谢欢, 顾振雄, 刘俊, 等, 2013. Amery 冰架附近区域年际表面高程变化分析. 同济大学学报(自然科学版), 41(8): 1269-1273, 1280.

许泽帅, 羊毅, 兰卫华, 2013. 基于矩形象限法的光斑质心定位算法研究. 激光与光电子学进展, 50(12): 99-102.

杨雄丹, 李国元, 王佩贤, 等, 2020. 星载激光光斑影像激光指向变化探测法. 测绘学报, 49(12): 1591-1599.

杨帆, 温家洪, WANG W L, 2011. ICESat 与 ICESat-2 应用进展与展望. 极地研究, 23(2): 138-148.

岳春宇, 郑永超, 陶宇亮, 2013. 星载激光测高仪辅助卫星摄影测量浅析. 航天返回与遥感(4): 71-76.

张过, 李少宁, 黄文超, 等, 2017. 资源三号 02 星对地激光测高系统几何检校及验证. 武汉大学学报(信息科学版), 42(11): 1589-1596.

张胜凯, 雷锦韬, 李斐, 2015. 全球海潮模型研究进展. 地球科学进展, 30(5): 579-588.

赵明波, 何峻, 付强, 2012. 全波形激光雷达回波信号建模仿真与分析. 光学学报, 32(6): 238-251.

赵泉华, 李红莹, 李玉, 2015. 全波形 LiDAR 数据分解的可变分量高斯混合模型及 RJMCMC 算法. 测绘学报, 44(12): 1367-1377.

赵双明, 冉晓雅, 付建红, 等, 2014. CE-1 立体相机与激光高度计数据联合平差. 测绘学报, 43(12): 1224-1229.

赵欣, 张毅, 张黎明, 等, 2012. 激光测高仪高斯回波分解算法. 红外与激光工程, 41(3): 643-648.

周江存, 徐建桥, 孙和平, 2009. 中国大陆精密重力潮汐改正模型. 地球物理学报, 52(6): 1474-1482.

周世宏, 童庆为, 李鑫, 等, 2014. 基于多脉冲探测模式的激光三维成像性能研究. 测绘通报(S1): 1-3.

周增坡, 程维明, 周成虎, 等, 2011. 基于“嫦娥一号”的月表形貌特征分析与自动提取. 科学通报, 56(1): 18-26.

朱笑笑, 王成, 习晓环, 等, 2020. ICESat-2 星载光子计数激光雷达数据处理与应用研究进展. 红外与激光工程, 49(11): 68-77.

ABSHIRE J B, SUN X L, RIRIS H, et al., 2005. Geoscience Laser Altimeter System (GLAS) on the ICESat mission: On-orbit measurement performance. Geophysical Research Letters, 32: L21S02.

ARAKI H, OOE M, TSUBOKAWA T, et al., 1999. Lunar laser altimetry in the SELENE project. Advances in Space Research, 23(11): 1813-1816.

BRUNT K M, NEUMANN T A, AMUNDSON J M, et al., 2016. Mabel photon-counting laser altimetry data in alaska for ICESat-2 simulations and development. The Cryosphere, 10(4): 1707-1719.

BRUNT K M, NEUMANN T A, LARSEN C F, 2019. Assessment of altimetry using ground-based GPS data from the 88S Traverse, Antarctica, in support of ICESat-2. The Cryosphere, 13(2): 579-590.

CARABAJAL C C, HARDING D J, 2005. ICESat validation of SRTM c-band digital elevation models. Geophysical Research Letters, 32(22): L22S01.

CHAO C C, 1972. A model for tropospheric calibration from daily surface and radiosonde balloon measurements. JPL Technical Memorandum.

CHEN Q, SONG S, ZHU W, 2012. An analysis of the accuracy of zenith tropospheric delay calculated from ECMWF/NCEP data over Asian area. Chinese Journal of Geophysics, 55(5): 1541-1548.

CONG X, BALSS U, EINEDER M, et al., 2012. Imaging geodesy-centimeter-level ranging accuracy with TerraSAR-X: An update. IEEE Geoscience and Remote Sensing Letters, 9(5): 948-952.

CSATHO B, AHN Y, YOON T, et al., 2005. ICESat measurements reveal complex pattern of elevation changes on Siple Coast ice streams, Antarctica. Geophysical Research Letters, 32(23): 338-360.

DABBOOR M D, BRAUN A, KNEEN M A, 2013. Tracking sand dune migration in the Rub Al-Khali with ICESat laser altimetry. International Journal of Remote Sensing, 34(11): 3832-3847.

DAVIS J L, HERRING T A, SHAPIRO I I, et al., 1985. Geodesy by radio interferometry: Effects of atmospheric modeling errors on estimates of baseline length. Radio Science, 20(6): 1593-1607.

DOU Q, LI Y, ZHOU Y, et al., 2015. Positioning accuracy analysis of mapping and surveying satellite using laser altimeter. International Conference on Information Sciences: 1601-1607.

DRAKE J B, DUBAYAH R O, CLARK D B, et al., 2002. Estimation of tropical forest structural characteristics using large-footprint LiDAR. Remote Sensing of Environment, 79(2-3): 305-319.

EANES R J, BETTADPUR S, 1995. The CSR 3.0 global ocean tide model: Diurnal and semi-diurnal ocean tides from TOPEX POSEIDON altimetry. Austin: The University of Texas at Austin.

EINEDER M, MINET C, STEIGENBERGER P, et al., 2011. Imaging geodesy-toward centimeter-level ranging accuracy with TerraSAR-X. IEEE Transactions on Geoscience and Remote Sensing, 49(2): 661-671.

EMARDSON T, DERKS H, 2000. On the relation between the wet delay and the integrated precipitable water vapour in the European atmosphere. Meteorological Applications, 7(1): 61-68.

FATOYINBO T E, SIMARD M, 2013. Height and biomass of mangroves in Africa from ICESat/GLAS and SRTM. International Journal of Remote Sensing, 34(2): 668-681.

FAYAD I, BAGHDADI N, BAILLY J, et al., 2014. Canopy height estimation in French Guiana with LiDAR ICESAT/GLAS data using principal component analysis and random forest regressions. Remote Sensing, 6(12): 11883-11914.

FILIN S, 2006. Calibration of spaceborne laser altimeters-an algorithm and the site selection problem. IEEE Transactions on Geoscience and Remote Sensing, 44(6): 1484-1492.

FRICKER H A, BASSIS J N, MINSTER B, et al., 2005a. ICESat's new perspective on ice shelf rifts: The vertical dimension. Geophysical Research Letters, 32(23): 23-28.

FRICKER H A, BORSA A, MINSTER B, et al., 2005b. Assessment of ICESat performance at the salar De Uyuni, Bolivia. Geophysical Research Letters, 32(21): L21S06.

GWENZI D, LEFSKY M A, SUCHDEO V P, et al., 2016. Prospects of the ICESat-2 laser altimetry mission for savanna ecosystem structural studies based on airborne simulation data. ISPRS Journal of Photogrammetry and Remote Sensing, 118: 68-82.

HARDING D J, CARABAJAL C C, 2005. ICESat waveform measurements of within-footprint topographic relief and vegetation vertical structure. Geophysical Research Letters, 32(21): L21S10.

HERRING T A, QUINN K, 2001. Atmospheric delay correction to GLAS laser altimeter ranges. http: // www. csr. utexas. edu/glas/atbd. html.

HLAVKA D L, PALM S P, HART W D, et al., 2005. Aerosol and cloud optical depth from GLAS: Results and verification for an October 2003 california fire smoke case. Geophysical Research Letters, 32(22): L22S07.

HOFTON M A, MINSTER J B, BLAIR J B, 2000. Decomposition of laser altimeter waveforms. IEEE Transactions on Geoscience and Remote Sensing, 38(42): 1989-1996.

HOPFIELD H S, 1972. Tropospheric refraction effects on satellite range measurements. APL Technical Digest, 11(4): 11-21.

KANEKO Y, ITAGAKI H, TAKIZAWA Y, et al., 2000. The selene project and the following Lunar mission. Acta Astronautica, 47(2-9): 467-473.

KHALEFA E, SMIT I P J, NICKLESS A, et al., 2013. Retrieval of savanna vegetation canopy height from ICESat-GLAS spaceborne LiDAR with terrain correction. IEEE Geoscience and Remote Sensing Letters, 10(6): 1439-1443.

KURTZ N T, MARKUS T, 2012. Satellite observations of Antarctic Sea ice thickness and volume. Journal of Geophysical Research: Oceans, 117(C08025): 1-9.

LEFSKY M A, HARDING D J, KELLER M, et al., 2005. Estimates of forest canopy height and aboveground biomass using ICESat. Geophysical Research Letters, 32(22): L22S02.

LI D, XU L, LI X, et al., 2013. Full-waveform LiDAR signal filtering based on empirical mode decomposition method. 2013 IEEE International Geoscience and Remote Sensing Symposium: 3399-3402.

LI G, TANG X, GAO X, et al., 2016. ZY-3 block adjustment supported by GLAS laser altimetry data. The Photogrammetric Record: 1-20.

LI Q, URAL S, ANDERSON J, et al., 2016. A fuzzy mean-shift approach to LiDAR waveform decomposition. IEEE Transactions on Geoscience and Remote Sensing, 54(12): 7112-7121.

LI S, ZHANG G, LI C, et al., 2021. Geometric calibration of satellite laser altimeters based on waveform matching. The Photogrammetric Record, 36(174): 104-123.

LIU C, HUANG H, GONG P, et al., 2015. Joint use of ICESat/GLAS and landsat data in land cover classification: A case study in Henan Province, China. IEEE Journal of Selected Topics in Applied Earth Observations and Remote Sensing, 8(2): 511-522.

LIU X H, WANG Q X, DANG Y M, et al., 2012. Analysis of the tidal effect on GNSS kinematic and static positioning. Lecture Notes in Electrical Engineering, 159: 473-481.

LUTHCKE S B, ROWLANDS D D, WILLIAMS T A, et al., 2005. Reduction of ICESat systematic geolocation errors and the impact on ice sheet elevation change detection. Geophysical Research Letters, 32(21): L21S05.

MA Y, WANG M, YANG F, et al., 2015. The waveform model of laser altimeter system with flattened Gaussian laser. Journal of the Optical Society of Korea, 19(4): 363-370.

MAGRUDER L A, BRUNT K M, 2018. Performance analysis of airborne photon-counting LiDAR data in preparation for the ICESat-2 mission. IEEE Transactions on Geoscience and Remote Sensing, 56(5): 2911-2918.

MAGRUDER L A, SCHUTZ B E, SILVERBERG E C, 2001. Pointing angle and timing calibration validation of the geosciencelaser altimeter with a ground-based detection system. IEEE

International Geoscience and Remote Sensing Symposium: 1584-1587.

MAGRUDER L A, SULEMAN M A, SCHUTZ B E, 2003. ICESat laser altimeter measurement time validation system. Measurement Science and Technology, 14(911): 1978-1985.

MAGRUDER L A, SILVERBERG E, WEBB C, et al., 2005. In situ timing and pointing verification of the ICESat altimeter using a ground-based system. Geophysical Research Letters, 32(21): L21S04.

MAGRUDER L A, RICKLEFS R L, SILVERBERG E C, et al., 2010. ICESat geolocation validation using airborne photography. IEEE Transactions on Geoscience and Remote Sensing, 48(6): 2758-2766.

MAHONEY C, KLJUN N, LOS S, et al., 2014. Slope estimation from ICESat/GLAS. Remote Sensing, 6(10): 10051-10069.

MARINI J W, 1972. Correction of satellite tracking data for an arbitrary tropospheric profile. Radio Science, 7(2): 223-231.

MARTIN C F, THOMAS R H, KRABILL W B, et al., 2005. ICESat range and mounting bias estimation over precisely-surveyed terrain. Geophysical Research Letters, 32(21): L21S07.

MOUSSAVI M S, ABDALATI W, SCAMBOS T, et al., 2014. Applicability of an automatic surface detection approach to micropulse photon-counting LiDAR altimetry data: Implications for canopy height retrieval from future ICESat-2 data. International Journal of Remote Sensing, 35(13): 5263-5279.

NILSSON B, ANDERSEN O B, RANNDAL H, et al., 2022. Consolidating ICESat-2 ocean wave characteristics with CryoSat-2 during the CRYO2ICE campaign. Remote Sensing, 14: 1300.

OWENS J C, 1967. Optical refractive index of air: Dependence on pressure, temperature, and composition. Applied Optics, 6(1): 51-59.

PHAN V H, LINDENBERGH R, MENENTI M, 2012. ICESat derived elevation changes of Tibetan Lakes between 2003 and 2009. International Journal of Applied Earth Observation and Geoinformation, 17: 12-22.

PUYSSEGUR B, MICHEL R, AVOUAC J, 2007. Tropospheric phase delay in InSAR estimated from meteorological model and multispectral imagery. Journal of Geophysical Research, 112(B05419): 1-12.

SAASTAMOINEN J, 1972. Introduction to practical computation of astronomical refraction. Bulletin Géodésique, 106(1): 383-397.

SCHUBERT A, JEHLE M, SMALL D, et al., 2010. Influence of atmospheric path delay on the absolute geolocation accuracy of TerraSAR-X high-resolution products. IEEE Transactions on Geoscience and Remote Sensing, 48(2): 751-758.

SCHUTZ B E, 2002. Laser footprint location (geolocation) and surface profiles. http: //www. csr. utexas. edu/glas/atbd. html.

SCHUTZ B, ZWALLY H J, SHUMAN C A, et al., 2005. Overview of the ICESat mission. Geophysical Research Letters, 32(21): L21S02.

SPUDIS P D, REISSE R A, GILLIS J J, 1994. Ancient multiring basins on the Moon revealed by clementine laser altimetry. Science, 266(5192): 1848-1851.

STEINBRÜGGE G, STARK A, HUSSMANN H, et al., 2015. Measuring tidal deformations by laser altimetry. A performance model for the ganymede laser altimeter. Planetary and Space Science, 117: 184-191.

TANG H, SWATANTRAN A, BARRETT T, et al., 2016. Voxel-based spatial filtering method for canopy height retrieval from airborne single-photon LiDAR. Remote Sensing, 8(9): 771.

THAYER G D, 1974. An improved equation for the radio refractive index of air. Radio Science, 9(10): 803-807.

THOME K, REAGAN J, GEIS J, et al., 2004. Validation of GLAS calibration using ground-and satellite-based data. 2004 IEEE International Geoscience and Remote Sensing Symposium: 2468-2471.

VACEK M, PROCHAZKA I, 2013. Single photon laser altimeter simulator and statistical signal processing. Advances in Space Research, 51(9): 1649-1658.

VEVERKA J, FARQUHAR B, ROBINSON M, et al., 2001. The landing of the near-shoemaker spacecraft on asteroid 433 Eros. Nature, 413(6854): 390-393.

WADGE G, ZHU M, HOLLEY R J, et al., 2010. Correction of atmospheric delay effects in radar interferometry using a nested mesoscale atmospheric model. Journal of Applied Geophysics, 72(2): 141-149.

WAGNER W, ULLRICH A, DUCIC V, et al., 2006. Gaussian decomposition and calibration of a novel small-footprint full-waveform digitising airborne laser scanner. ISPRS Journal of Photogrammetry and Remote Sensing, 60(2): 100-112.

WANG X, PAN Z, GLENNIE C, 2016. A novel noise filtering model for photon-counting laser altimeter data. IEEE Geoscience and Remote Sensing Letters, 13(7): 947-951.

XIE H, LI B, TONG X, et al., 2021a. A planimetric location method for laser footprints of the Chinese Gaofen-7 satellite using laser spot center detection and image matching to stereo image product. IEEE Transactions on Geoscience and Remote Sensing, 59(11): 9758-9771.

XIE J, REN C, JIAO H, et al., 2021b. In-orbit geometric calibration approach and positioning accuracy analysis for the Gaofen-7 laser footprint camera. IET Image Processing, 15(13): 3130-3141.

YOON J S, SHAN J, 2005. Combined adjustment of Moc stereo imagery and Mola altimetry data. Photogrammetric Engineering and Remote Sensing, 71(10): 1179-1186.

YU A W, KRAINAK M A, STEPHEN M A, et al., 2011. Spaceflight laser development for future remote sensing applications. Proceedings of The International Society for Optical Engineering (818204): 1-10.

ZHANG G, LIAN W, LI S, et al., 2022. A self-adaptive denoising algorithm based on genetic algorithm for photon-counting LiDAR data. IEEE Geoscience and Remote Sensing Letters, 19(6501405): 1-5.

ZHANG J, KEREKES J, 2015. An adaptive density-based model for extracting surface returns from photon-counting laser altimeter data. IEEE Geoscience and Remote Sensing Letters, 12(4): 726-730.

ZWALLY H J, SCHUTZ B, ABDALATI W, et al., 2002. ICESat's laser measurements of polar ice, atmosphere, ocean, and land. Journal of Geodynamics, 34(3-4): 405-445.

编　后　记

“博士后文库”是汇集自然科学领域博士后研究人员优秀学术成果的系列丛书。“博士后文库”致力于打造专属于博士后学术创新的旗舰品牌，营造博士后百花齐放的学术氛围，提升博士后优秀成果的学术影响力和社会影响力。

“博士后文库”出版资助工作开展以来，得到了全国博士后管委会办公室、中国博士后科学基金会、中国科学院、科学出版社等有关单位领导的大力支持，众多热心博士后事业的专家学者给予积极的建议，工作人员做了大量艰苦细致的工作。在此，我们一并表示感谢！

“博士后文库”编委会